应用型本科信息大类专业"十二五"规划教材
21 世纪普通高等教育优秀教材

Visual Basic 程序设计教程

主　编　王　平　　王俊岭
副主编　闫爱平　　尹云飞　李　娜
　　　　刘艳慧　　王　颖　刘宝静
参　编　刘　琨　　王硕宁
主　审　王仲东

华中科技大学出版社
中国·武汉

内 容 简 介

本书的内容主要包括 Visual Basic 6.0 中文版开发环境、语言基础、用户界面、程序设计、数据库应用、文件操作等。本书在讲解完一个知识点后都配上了实例,每章之后都配有习题,习题主要训练编程能力和帮助掌握基本概念。

本书层次清晰,内容既相互联系又相互独立,并且依据教学特点精心编排,方便读者根据自己的需要进行选择。为了方便教学,本书还配有电子课件,任课教师和学生可以登录我们爱读书网(www.ibook4us.com)免费注册下载。

本书系统性强、内容实用,不仅可作为大学本、专科相关课程的教材,也可作为各类培训和自学参考用书。

图书在版编目(CIP)数据

Visual Basic 程序设计教程/王　平　王俊岭　主编.—武汉:华中科技大学出版社,2012.8
ISBN 978-7-5609-7980-9

Ⅰ.V…　Ⅱ.①王…　②王…　Ⅲ.BASIC 语言-程序设计-高等学校-教材
Ⅳ.TP312

中国版本图书馆 CIP 数据核字(2012)第 103598 号

Visual Basic 程序设计教程

王　平　王俊岭　主编

策划编辑:康　序
责任编辑:康　序
封面设计:潘　群
责任校对:代晓莺
责任监印:张正林
出版发行:华中科技大学出版社(中国·武汉)
　　　　　武昌喻家山　　邮编:430074　　电话:(027)81321915
录　　排:武汉兴明图文信息有限公司
印　　刷:武汉市宏隆印务有限公司
开　　本:787mm×1092mm　1/16
印　　张:14
字　　数:373 千字
版　　次:2012 年 8 月第 1 版第 1 次印刷
定　　价:32.00 元

只有无知，没有不满。

Only ignorant, no resentment.

...................迈克尔·法拉第(Michael Faraday)

迈克尔·法拉第（1791—1867）：英国著名物理学家、化学家，在电磁学、
化学、电化学等领域都作出过杰出贡献。

应用型本科信息大类专业"十二五"规划教材

编审委员会名单

（按姓氏笔画排列）

前言

PREFACE

1991 年，微软公司推出了 Visual Basic 1.0 版。这在当时引起了很大的轰动。这个连接编程语言和用户界面的进步被称为 Tripod（有些时候叫做 Ruby），最初的设计是由阿兰·库珀（Alan Cooper）完成的。许多专家把 Visual Basic 的出现作为软件开发史上的一个具有划时代意义的事件。

在 Windows 操作系统中，Visual Basic 作为一门计算机语言，其功能非常强大，而且简单易学。Visual Basic 提供可视化设计工具，编程人员可利用 Visual Basic 提供的控件轻松地"画"出应用程序的友好界面，Visual Basic 拥有图形用户界面（GUI）和快速应用程序开发（RAD）系统，可以轻易地使用 DAO、RDO、ADO 连接数据库，或者轻松地创建 ActiveX 控件。程序员可以轻松地使用 Visual Basic 提供的组件快速建立一个应用程序，因此比较容易入门，入门以后就有能力进一步学习难度更大的编程语言了。Visual Basic 作为编程人员的首选程序设计语言，有如下特点。

（1）Visual Basic 是开发 Windows 应用程序的强有力的工具，拥有最先进的程序设计思想，能轻而易举地开发出符合 Windows 规范和风格的应用程序。

（2）Visual Basic 在科学计算、多媒体软件开发、网络应用等方面都有强大的功能，尤其在数据库开发方面，提供了许多控件，便于连接、查询和显示查询结果。现在很多管理软件，包括一些大型软件，都是利用 Visual Basic 开发的。

（3）Visual Basic 改变了传统程序的机制，采用"事件驱动"方式，由用户操作产生不同的事件，程序根据这些事件去分别执行不同的子程序。编程人员可以分别编写出这样一些子程序，使编程难度大大降低。

全书共 9 章，其中第 1 章至第 8 章是全国计算机考试大纲规定的必修内容，参考学时 54 学时（讲授 30 学时＋上机 24 学时），第 1 章为概述，第 2 章至第 7 章主要讲述对象与基本控件、Visual Basic 程序设计基础、Visual Basic 基本控制结构、数组、过程、界面设计，第 8 章、第 9 章主要讲述文件系统、使用数据控件访问数据库等知识。本书主要面向 Visual Basic 语言程序设计的初学者，理论联系实际，以程序设计为主线，通过实例讲述 Visual Basic 的程序设计方法和应用。

全书依据教育部公布的《全国计算机等级考试大纲》（2011 年版）中二级（Visual Basic 语言程序设计）考试大纲的要求，在内容编排、例题题型和讲解、习题布置及本教材实验指导书的实验内容等各个方面都作了精心的设计。

　　本书由伊犁师范学院王平、王俊岭担任主编；石家庄铁道大学四方学院的闫爱平、李娜、刘宝静，重庆大学的尹云飞，西北师范大学知行学院的刘艳慧，哈尔滨远东理工学院的王颖分别担任副主编；北京联合大学刘琨，黑龙江旅游职业技术学院王硕宁参编。其中，华中科技大学的王仲东教授审阅了全书，并提出了宝贵的修改意见，在此表示感谢。

　　本书可作为应用型、技能型人才培养的各类教育的相关专业的学生学习 Visual Basic 语言程序设计的教材，也可作为各类水平考试、全国计算机等级考试的自学辅导用书及学习计算机程序设计的培训教材及参考书。本书还配有电子课件，任课教师和学生可以登录我们爱读书网（www.ibook4us.com）免费注册下载。

　　因时间仓促，尽管在本书出版前我们对全部内容进行了仔细校对，但不足之处仍在所难免，恳请广大读者指正。

编　者

2012 年 5 月

目录 CONTENTS

第①章　Visual Basic 概述

Visual Basic 是优秀的计算机程序开发语言和开发工具之一，是新一代面向对象程序开发语言的典型代表。它采用可视化的、鼠标拖放式的设计理念，将繁杂的代码编写工作转化为"堆积木式"的装配工作。使用 Visual Basic 进行程序开发可以大大简化开发过程，并能提高系统的模块性和执行效率。Visual Basic 以其开发成本低、简单易学、方便使用等优点曾经一度成为计算机应用人员的首选开发工具之一。

 ## 1.1　Visual Basic 简介

1.1.1　计算机编程语言

语言是表达思想的工具。计算机语言也概莫能外，它表达了设计者的思想。

计算机语言分为低级语言、中级语言和高级语言三类。所谓低级语言并非指该语言低级、简单，而是指该语言直接和计算机硬件打交道，面向计算机系统结构的较低层次。众所周知，越是与计算机硬件打交道的语言越难掌握。例如，机器指令（或称机器语言）、汇编语言等都是低级语言。高级语言是指远离硬件的操作，其语法和结构类似于英文，表达能力极强的语言。Visual Basic 就是一种高级语言。中级语言是指介于低级语言和高级语言之间的语言，它一方面能直接和机器打交道，另一方面又提供较强的自然表达能力。C 语言是一种中级语言。

一般在开发应用程序时，在满足性能和效率的前提下应尽量选用高级语言，这有以下几点原因。

（1）高级语言接近算法语言，容易掌握。一般工程技术人员只要经过简单的培训就能很好地掌握，并且一旦掌握了一门高级语言再学习其他高级语言时就能触类旁通。

（2）高级语言自动化程度高，开发周期短。程序员能从开发工作中解脱出来，可以集中时间和精力去从事对他们来说更为重要的创造性劳动。

（3）高级语言为程序员提供了结构化程序设计的环境和工具，使得设计出来的程序可读性好，可维护性强，可靠性高。

（4）高级语言与具体的计算机硬件关系不大，因而所写出来的程序可移植性好，重用率高。

常用的计算机编程语言有以下一些。

● Basic 语言：一种入门级的计算机编程语言。其特点是简单易学。

● Visual Basic 语言：在 Basic 语言基础上发展起来的一种可视化编程语言。

● C 语言：由美国 AT&T 公司（美国电话电报公司）开发的一种计算机编程语言。它的特点是兼顾了低级语言和高级语言的特点，模块化和移植性好。

● C++ 语言：在 C 语言基础上发展起来的一种面向对象程序设计语言，由美国 AT&T 贝尔实验室的本贾尼·斯特劳斯特卢普博士在 20 世纪 80 年代初期发明。

● Visual C++ 语言：在 C++ 语言基础上发展起来的一种可视化编程语言。

●Visual FoxPro 语言：在 FoxBase/FoxPro 基础上发展起来的一种可视化编程语言，主要用于开发数据库程序。

●Java 语言：一种跨平台的面向对象设计语言，由 Sun Microsystems 公司于 1995 年推出。

●Delphi 语言：在 Pascal/Object Pascal 语言基础上发展起来一种面向对象的快速应用程序开发语言。

1.1.2 Visual Basic 的发展过程

Visual Basic 是 Microsoft(微软)公司开发的编程工具，它诞生于 1991 年。迄今为止，Visual Basic 已发布了 11 个正式版本。但是最常用的是 Visual Basic 6.0 中文版本。

1991 年 5 月 20 日，微软在亚特兰大发布了 Visual Basic 1.0 版本，该版本可以运行于 Windows 平台。

1992 年 9 月 1 日，微软发布了 Visual Basic for MS-DOS 版本，分为标准版和专业版两个版本。

1992 年 11 月 2 日，微软发布了 Visual Basic 2.0 for Windows 版本，分为标准版和专业版两个版本。

1993 年 5 月 14 日，微软发布了 Visual Basic 3.0 for Windows 版本，分为标准版和专业版两个版本。Visual Basic 3.0 提供 Microsoft Access Database Engine for Windows 1.1 和 OLE 2.0(对象链接与嵌入)技术。

1994 年 11 月 14 日，微软发布了 Visual Basic 4.0 for Windows 版本。

1995 年 12 月 12 日，微软发布了 Visual Basic 4.0 的三个版本，即标准版、专业版和企业版。

1997 年 2 月 3 日，微软发布了 Visual Basic 5.0 专业版，这个版本在当时非常流行。

1997 年 3 月 10 日，微软发布了 Visual Basic 5.0 控件开发版，这个版本的 Visual Basic 可以开发控件。

1998 年 6 月 15 日，微软发布了 Visual Basic 6.0 版本，这个版本作为 Visual Studio 6.0 工具套件之一，其中文版成为目前常用的一个版本。

2000 年 11 月 13 日，微软发布了 Visual Basic. NET Beta 1 版本，它是 Visual Studio. NET Beta 1 的一部分。

2002 年微软发布了 Visual Basic. NET 2002。

2003 年微软发布了 Visual Basic. NET 2003。

2005 年微软发布了 Visual Basic2005。

2008 年微软发布了 Visual Basic2008。

2010 年微软发布了 Visual Basic2010。

Visual Basic 伴随着微软公司的发展而发展，在其发展过程中也获得了广大程序员的认可。

1.1.3 Visual Basic 的功能及特点

Visual Basic 除了具有简单易用的特点外，还具有以下功能和特点。

(1)Visual Basic 是一个简捷的开发工具。

Visual Basic 的简捷性体现在其一目了然的功能提示。第一，开发任意一类工程都有对应的向导程序,一步一步引导使用者进行开发。第二,设计对象属性时不但有下拉列表框供使用者选择,并且还有提示信息。第三,编写代码时自动列出当前对象的所有方法和属性。第四,Visual Basic 提供了丰富的联机帮助文档系统,即用即查。

(2)Visual Basic 是一个可视化的开发工具。

Visual Basic 的可视化体现在它采用图标式标识和鼠标拖放式操作。例如,"按钮"就是以一个按钮图标的形式来标识,用鼠标把按钮图标拖放到指定的位置就完成了设计工作。换言之,Visual Basic 是一个所见即所得的开发工具。

(3)Visual Basic 是一个面向对象的开发工具。

Visual Basic 是面向对象的开发工具的典型代表,比尔·盖茨称它为"令人震惊的新奇迹"。Visual Basic 支持 ActiveX 控件、对象的方法和属性、对象的浏览功能等,很好地体现了信息的隐藏性、封装性和继承性。

(4)Visual Basic 是一个集成的开发环境。

在 Visual Basic 中不仅可以设计程序、编写代码,还可以调试程序、加载图形,进行DAO、RDO、ADO 数据库连接,进行外接程序管理等。

(5)Visual Basic 是一个理想的入门开发工具。

Visual Basic 是在 Basic 语言基础上发展起来的,因此简单易学,是一个理想的入门开发工具。

1.2 Visual Basic 6.0 集成开发环境

Visual Basic 6.0 的集成开发环境由标题栏、菜单栏、工具栏、控件箱、窗体等组成,如图1.1 所示。

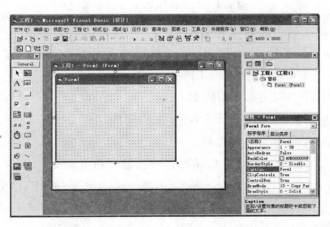

图 1.1 Visual Basic 6.0 的集成开发环境

1.2.1 标题栏

标题栏是图 1.1 中显示"工程 1-Microsoft Visual Basic [设计]"的位置,它是 Visual Basic 开发环境的标识,会随着程序设计者运用 Visual Basic 开发环境时的不同状态而改变。例如,当程序员在运行 Visual Basic 设计的程序时标题栏就会变成"工程 1-Microsoft Visual Basic [运行]";调试程序时标题栏会变成"工程 1-Microsoft Visual Basic [break]",如图 1.2所示。

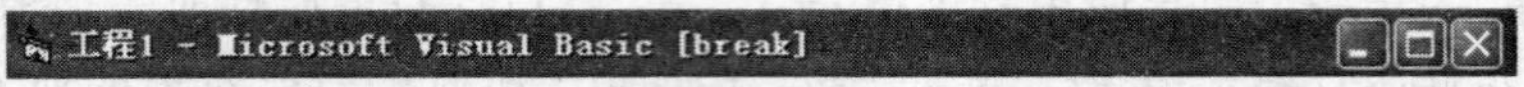

工程1 - Microsoft Visual Basic [break]

图 1.2 Visual Basic 6.0 的标题栏

1.2.2 菜单栏

菜单栏是图 1.1 中显示"文件(F)"、"编辑(E)"……"帮助(H)"一行的区域。菜单栏提供 Visual Basic 中几乎所有功能操作项目。Visual Basic 6.0 通过不同的菜单来分类管理其丰富的功能。每一个菜单下级还设有同类的子菜单,子菜单下还可以再设置子菜单的子菜单。例如"文件(F)"菜单下面设置了"新建工程"、"打开工程"、"添加工程"等 15 个与文件操作相关的子菜单;"编辑(E)"菜单下设置了"全选"、"表"等 25 个与编辑相关的子菜单,其中"表"菜单下还设置了"设置主关键字"、"插入列"和"删除行"3 个与操作表相关的子菜单。菜单栏如图 1.3 所示。

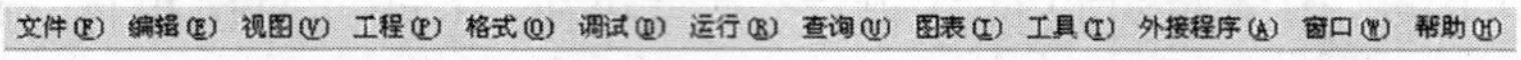

文件(F) 编辑(E) 视图(V) 工程(P) 格式(O) 调试(D) 运行(R) 查询(U) 图表(I) 工具(T) 外接程序(A) 窗口(W) 帮助(H)

图 1.3 Visual Basic 6.0 的菜单栏

1.2.3 工具栏

工具栏是图 1.1 中菜单栏下面一行的区域。工具栏是常用菜单项的图形化表示。设置工具栏的目的是方便使用,避免了查找子菜单项的麻烦。工具栏以图形化的形式表达功能,给人一种直观形象的感觉。图 1.4 所示的是 Visual Basic 6.0 的工具栏。

标准

图 1.4 Visual Basic 6.0 的工具栏

Visual Basic 的工具栏包括以下项目。

添加标准 EXE 工程:用于新建一个可执行的 Visual Basic 程序。

添加窗体:用于新建一个 Visual Basic 窗体。

菜单编辑器:用于调用菜单编辑器。

打开工程:用于打开一个 Visual Basic 工程文件。

保存工程:用于保存当前的工程文件。

分别为剪切、复制、粘贴、查找、撤销和重复按钮。

分别为启动 Visual Basic 程序、中断 Visual Basic 程序、结束 Visual Basic 程序按钮。

工程资源管理器:用于打开 Visual Basic 的工程资源管理器。

属性窗口:用于打开 Visual Basic 的属性窗口。

窗体布局窗口:用于打开 Visual Basic 的窗体布局窗口。

对象浏览器:用于打开 Visual Basic 的对象浏览器窗口。

工具箱:用于打开 Visual Basic 的工具箱(又称控件箱)。

1.2.4 工具箱

Visual Basic 的工具箱,又称为控件箱,是放置 Visual Basic 控件的地方,如图 1.5 所示。

控件是进行 Visual Basic 程序开发的强有力的工具。使用控件具有以下优点：①无须编写代码即可完成一定的功能；②更好地理解面向对象开发的理念；③拖放式操作，形象而直观，将传统的一维"代码编写式"设计模式变为现代的三维"堆积木式"设计模式；④Windows 操作系统能很好地支持其操作。

下面简单介绍一下控件箱中各个控件的功能。

指针：用于选择、移动窗体和控件，并调整其大小。

PictureBox：图片框控件，支持位图、图标、元文件、增强元文件、GIF 和 JPEG 等各种格式的图形文件。

A Label：标签控件。

TextBox：文本框控件。

Frame：页框控件，用于将其他控件框起来组成一组。

CommandButton：命令按钮控件。

CheckBox：复选框控件。

OptionButton：单选按钮控件。

ComboBox：组合框控件，用于将多个项目组合在一起。

ListBox：下拉列表框控件。

HScrollBar：水平滚动条控件。

VScrollBar：垂直滚动条控件。

Timer：定时器控件。

DriveListBox：驱动器列表框控件。

DirListBox：文件夹列表框控件。

FileListBox：文件列表框控件。

Shape：形状控件，包括矩形、正方形、椭圆、圆形、圆角矩形和圆角正方形等形状。

Line：直线控件，包括实线、虚线、点线、点画线、双点画线、内实线和透明线。

Image：图像控件，用来显示图像。Image 控件可以显示来自位图、图标或元文件的图形文件，也可以显示增强的元文件、JPEG 或 GIF 格式的图形文件。

图 1.5　工具箱

Data：数据控件，用于开发数据库程序。

OLE：对象链接与嵌入控件，用于创建一个容器对象。

1.2.5　窗体

窗体是容纳所有控件的容器控件，是 Visual Basic 提供的一个标准容器。窗体位于 Visual Basic 开发环境的正中央，如图 1.6 所示。

在图 1.6 中，标题为"工程 1-Form1(Form)"的是窗体设计器的窗口。窗体设计器是一个画板，它可以让窗体在其内部变大或变小。标题为"Form1"的就是一个完整的窗体。窗体在窗体设计器里面可以改变大小。窗体是一个容器，里面可以安放其他 Visual Basic 控件，如图片框控件、标签控件、文本框控件等。

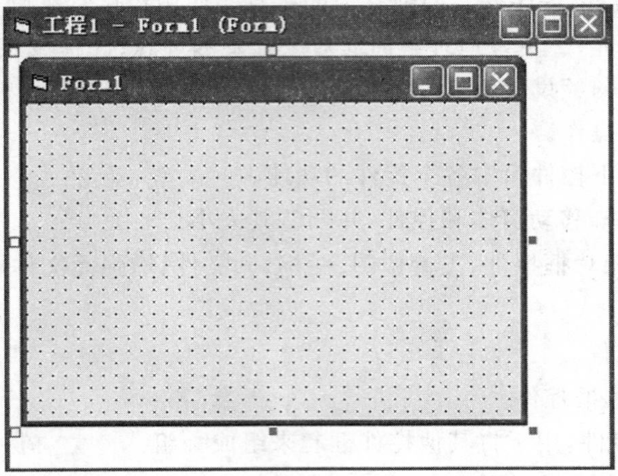

图 1.6　Visual Basic 6.0 的窗体

1.3　Visual Basic 6.0 应用程序开发步骤

使用 Visual Basic 6.0 开发应用程序有以下三个主要步骤。

1. 设计应用程序界面

设计应用程序界面是指通过 Visual Basic 6.0 提供的窗体设计器(见图1.6)和工具箱(见图1.5),使用鼠标拖放的方式进行界面布局设计。应用程序界面设计的标准是"清晰"、"智能"和"美观"。"清晰"要求界面能够一目了然、功能简明,并且不让用户分心;"智能"要求界面提供的功能能够预知用户的求解心理,尽快给出用户期望的结果;"美观"要求界面的色调、布局能够产生视觉美感。

2. 设置控件属性

Visual Basic 6.0 控件属性的设置主要是通过属性窗口来进行操作的,如图1.7所示。属性窗口的第一列是属性的名称,第二列是属性对应的值。例如,在图1.7所示的窗体的属性窗口中,第一行中的"Appearance"与"1-3D",分别表示窗体的外观属性"Appearance"的取值为"1-3D"。

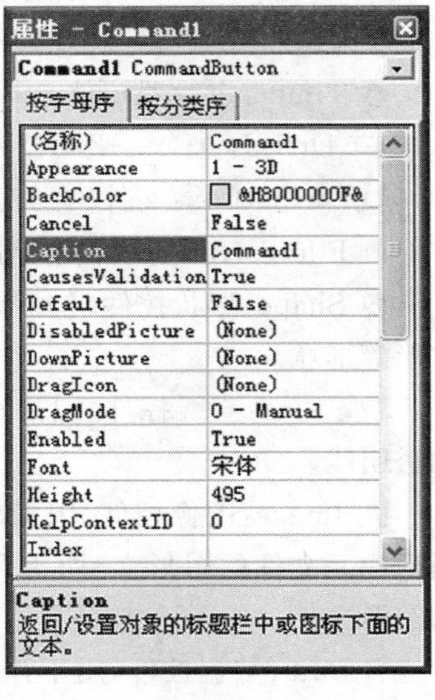

另外,在 Visual Basic 6.0 中也可以在代码窗口中设置控件的属性,如图1.8所示,设置窗体的"Appearance"属性为"0"。

图 1.7　Visual Basic 6.0 的属性窗口

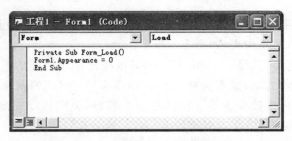

图 1.8　在代码窗口中设置属性

3. 编写代码

编写代码主要在 Visual Basic 6.0 的代码窗口(见图 1.9)中进行。进入代码窗口的方法是选择"视图"→"代码窗口"命令。另外,在窗体设计器中双击窗体或任意控件也可以进入 Visual Basic 的代码窗口。

代码窗口是 Visual Basic 6.0 进行程序设计的主要场所,几乎所有复杂的功能都是通过代码窗口设计出来的。在 Visual Basic 中进行代码编写的优点有:①编写代码是 Visual Basic 6.0 程序设计的核心;②编写代码是计算机程序员和软件用户使用计算机的本质区别;③编写代码是培养分析问题、解决问题的最好手段;④只有通过编写代码才能真正掌握 Visual Basic 6.0 的精华,并由此产生浓厚的学习兴趣。

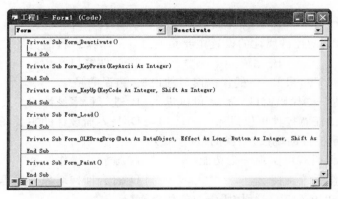

图 1.9 Visual Basic 6.0 的代码窗口

习　题　1

1. 选择题

(1)计算机语言分为低级语言、中级语言和(　　)三类。

A. 基本语言　　　　　　B. 高级语言　　　　　　C. 汇编语言　　　　　　D. 机器语言

(2)(　　)不是高级语言的特点。

A. 接近算法语言,容易掌握　　　　　　B. 开发的程序运行效率高

C. 自动化程度高,开发周期短　　　　　　D. 与具体的计算机硬件关系不大

(3)Visual Basic 是(　　)公司开发的编程工具,它诞生于 1991 年。

A. AT&T　　　　　　B. 贝尔实验室　　　　　　C. Sun Microsystems　　D. Microsoft

(4)Visual Basic 是一个可视化的开发工具,其可视化体现在(　　)。

A. 图标式标识和鼠标拖放式操作　　　　　　B. 向导操作

C. 支持面向对象的开发　　　　　　D. 有大量的控件

(5)标题栏是 Visual Basic 开发环境的标识,会随着程序设计者运用 Visual Basic 开发环境时的不同状态而改变,当程序员在运行 Visual Basic 设计的程序时标题栏会变成(　　)。

A. "工程 1-Microsoft Visual Basic [运行]"

B. "工程 1-Microsoft Visual Basic [设计]"

C. "工程 1-Microsoft Visual Basic [中断]"

D. "工程 1-Microsoft Visual Basic [执行]"

(6)单击工具按钮表示(　　)。

A. 新建一个 Visual Basic 窗体　　　　　　B. 新建一个 Visual Basic 工程

C. 打开一个 Visual Basic 窗体　　　　　　　D. 打开一个 Visual Basic 工程

(7)▣是 Visual Basic 的（　　　）窗口。

A. 布局　　　　　　　B. 属性　　　　　　　C. 工程　　　　　　　D. 方法

(8)▣是 ComboBox 控件，是 Visual Basic 提供的组合框控件，主要用于将（　　　）组合在一起。

A. 多个项目　　　　　B. 多个数据　　　　　C. 多个其他控件　　　D. 多个文件

(9)能容纳其他控件的对象，称为（　　　）。

A. 对象　　　　　　　B. 类　　　　　　　　C. 窗体　　　　　　　D. 容器

(10)用 Visual Basic 开发应用程序有三个主要步骤，即（　　　）、设置控件属性和编写代码。

A. 需求分析　　　　　B. 设计界面　　　　　C. 架构系统　　　　　D. 可行性分析

(11)Visual Basic 控件属性的设置主要是通过（　　　）来进行的。

A. 菜单　　　　　　　B. 编程　　　　　　　C. 属性窗口　　　　　D. 工具栏

(12)下面关于 Visual Basic 的代码窗口的说法，错误的是（　　　）。

A. 选择"视图"→"代码窗口"命令，可以进入　　B. 进行程序设计的主要场所

C. 双击窗体或任意控件可以进入　　　　　　D. 是界面设计的主要场所

(13)下面关于控件的说法，错误的是（　　　）。

A. 无须编写代码就可实现一定功能　　　　　B. 拖放式操作

C. 被众多操作系统支持　　　　　　　　　　D. 符合面向对象开发思想

(14)在 Visual Basic 中进行代码编写的优点有（　　　）。

A. 培养分析问题、解决问题的最好手段　　　B. 辅助软件设计

C. 简单的重复性劳动　　　　　　　　　　　D. 面向软件使用人员

2. 填空题

(1)语言是表达思想的工具。计算机语言也概莫能外，它表达了设计者的_____。

(2)高级语言是指远离_____的操作，其语法和结构类似于英文，表达能力极强的语言。

(3)Visual Basic 是_____公司开发的编程工具。

(4)Visual Basic 支持_____控件、对象的方法和属性、对象的浏览功能等。很好地体现了信息的隐藏性、封装性和继承性。

(5)Visual Basic 的工具箱，又称为_____，是放置 Visual Basic 控件的地方。

(6)_____是容纳所有控件的容器控件，是 Visual Basic 提供的一个标准容器。

(7)用 Visual Basic 开发应用程序有_____、_____和_____三个主要步骤。

(8)设计应用程序界面是指通过 Visual Basic 提供的_____和工具箱（控件箱），使用鼠标拖放的方式来进行界面布局设计。

(9)在_____上双击窗体或任意控件也可以进入 Visual Basic 的代码窗口。

3. 简述题

(1)简述计算机低级语言、中级语言和高级语言的区别。

(2)简述 Visual Basic 的功能和特点。

(3)Visual Basic 的开发环境分为几部分，它们的功能分别是什么？

(4)运用 Visual Basic 开发应用程序的步骤是什么？

(5)试述代码编写的优点。

第②章 对象与基本控件

对象与基本控件是进行 Visual Basic 程序设计的基础。对象是指客观世界的实体,是一个有自己属性和行为的独立体。控件是一种特殊的对象,它的属性、方法和事件被一种简洁的形式封装起来,以方便使用。本章主要介绍 Visual Basic 中对象的概念、控件及其通用属性、窗体、标签文本框、命令按钮、单选按钮、复选框、定时器等内容。

2.1 Visual Basic 中对象的概念

2.1.1 对象和类

对象和类是面向对象方法的两个最基本的概念。

对象是客观世界的实体,是一个有自己属性和行为的客体。对象可以是具体的事物(例如,一台计算机、一个窗体、一个命令按钮等),也可以是抽象的概念(例如,一场篮球比赛、一次购物活动等)。每个对象都有自己的属性、方法和事件。

类是对一类相似对象性质的描述,这些对象具有相同的性质、种类和方法。通常把基于某个类生成的对象称为这个类的实例。例如,学生这个群体是一个类,而学生中的每一个成员是这个类的一个对象。另外,对象的方法、属性和事件都在类中进行定义。

2.1.2 对象的属性、方法与事件

对象的属性、方法和事件是对象的三个重要性质。

1. 对象的属性

对象的属性用来标识对象的某种状态。例如,按钮的“Caption”属性标识了按钮的名称,窗体的“Appearance”属性标识了窗体的显示效果,图像的“Height”和“Width”属性分别标识了图像的高度和宽度。

图 2.1 所示的是按钮的“属性”窗口。在图 2.1 所示的窗口中可以对按钮的属性进行设置。

图 2.1 按钮的“属性”窗口

2. 对象的方法

对象的方法用来描述对象的行为。例如,窗体的“Circle”方法用来描述窗体的画圆功能,按钮的“Move”方法用来描述按钮的移动功能。图 2.2 所示的是窗体的“Circle”方法。

3. 对象的事件

对象的事件是一种由系统预先定义的、对象能够识别并对其做出反应的一种机制。例如,按钮的“Click”事件是按钮对单击行为的反应,窗体的“Load”事件是窗体对加载行为的反应。在 Visual Basic 中,事件是固定的,用户一般不能自行进行定义。图 2.3 所示的是按钮的“Click”事件。

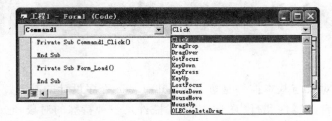

图2.2　窗体的"Circle"方法　　　　　图2.3　按钮的"Click"事件

在图 2.3 中,按钮的"Click"事件的处理代码需要在 Private Sub Command1_Click()和 End Sub 之间添加。

 ## 2.2　控件及其通用属性

2.2.1　控件的概念

控件是对数据和方法的封装,是一个以图形化方式显示出来的能与用户进行交互的对象,如一个命令按钮、一个文本框等。也就是说,每个控件都有自己的属性和方法,其中属性用来描述或定制控件的性质,例如颜色、大小、位置等;方法用来调用控件的功能,例如画线、清屏、输出文本等。

控件还有一个重要性质,就是可以对事件进行响应。但是不同的控件响应的事件类型是不同的。

2.2.2　控件的通用属性

控件的通用属性是指某些属性在这些控件中所代表的意义是一致的。相对于其他程序语言来说,Visual Basic 的控件存在更多的通用属性。

下面列出几个常用的控件通用属性。

● Appearance 属性:用来设置控件的外观,其取值如表 2.1 所示。

表 2.1　Appearance 属性的取值

设　置　值	描　　述
0	平面绘制的控件
1	(缺省值)3D,带有三维效果的绘制控件

● BackColor 属性:返回或设置控件的背景颜色。

● ForeColor 属性:返回或设置控件的前景颜色。

BackColor 属性和 ForeColor 属性的取值如表 2.2 所示。

表 2.2　BackColor 属性和 ForeColor 属性的取值

设　置　值	描　　述
标准 RGB 颜色	使用调色板或在代码中使用 RGB 或 QBColor 函数指定的颜色
系统缺省颜色	由对象浏览器中的 Visual Basic(VB)对象库所列的系统颜色常数指定的颜色。Windows 运行环境下替换用户在控制面板设置值中的选择

● Font 属性:设置控件文本所用的字体、字形和大小,其设置如图 2.4 所示。

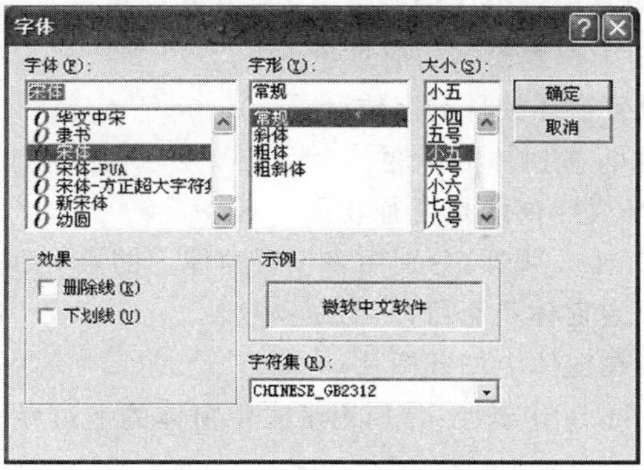

图 2.4 设置"字体"对话框

● Caption 属性：设置大多数不接受输入的控件的文本，如命令按钮的标题、窗体的标题、复选按钮的标题。

● Text 属性：设置可以接受输入的控件上显示的文本，如文本框控件中显示的文本。

● Width 属性：设置控件的宽度。

● Height 属性：设置控件的高度。

● Left、Top 属性：设置控件的左上角坐标。

● Enable 属性：返回或设置一个值，该值用来确定一个窗体或控件是否能够对用户产生的事件作出反应，其取值如表 2.3 所示。

表 2.3 Enable 属性的取值

设　　置	描　　述
True	（缺省）允许控件对事件作出反应
False	阻止控件对事件作出反应

● Visible 属性：返回或设置一指示对象为可见或隐藏的值，其取值如表 2.4 所示。

表 2.4 Visible 属性的取值

设　置　值	描　　述
True	（缺省值）对象是可见的
False	对象是隐藏的

以上属性是基本的、常见的控件通用属性，希望读者能很好地掌握。

2.3 窗体

2.3.1 窗体的属性、方法与事件

窗体是 Visual Basic 的基本构成成分，是运行程序时与用户交互的界面。窗体有自己的属性、事件和方法，用以控制窗体的外观和行为。

1. 窗体的常用属性

● Appearance 属性：用来设置窗体的外观。该属性取"0"时，表示平面外观；取"1"时表示三维外观，默认的是三维外观。

- BackColor 属性：用来设置窗体的背景色。
- ForeColor 属性：用来设置窗体的前景色。
- Font 属性：用来设置窗体控件的字体。
- Caption 属性：用来设置窗体的标题。
- Enabled 属性：用来决定窗体是否有效。
- MaxButton、MinButton 属性：分别用来设置窗体上的最大和最小按钮。
- Moveable 属性：决定窗体是否可以用鼠标移动。
- Picture 属性：用来在窗体上加载图片。
- Top、Left、Width、Height 属性：分别用来决定窗体的上边界垂直坐标、左边界水平坐标、宽度和高度。
- Visible 属性：用来设置窗体是否可见。设置为 True 时窗体可见，设置为 False 时窗体不可见。

2. 窗体的常用方法

- Cls 方法：该方法可以清除窗体。
- Circle 方法：该方法可以在窗体上画圆、椭圆或弧线。
- Hide 方法：隐藏窗体（但不卸载）。
- Line 方法：在窗体上画直线或矩形。
- Move 方法：可以移动窗体。
- Point 方法：在窗体上画指定颜色的点。
- Scale 方法：设定窗体的大小。
- SetFocus 方法：让焦点移向窗体。
- Show 方法：显示窗体。

3. 窗体的常用事件

窗体的事件是窗体对外界触发条件作出的反应。窗体的常用事件包括 Activate、Click、DlbClick、GetFocus、Initialize、KeyDown、KeyUp、Load 等，下面分别进行介绍。

- Activate 事件：对窗体的激活条件进行反应，其事件处理编写格式如下。

```
Private Sub Form_Activate()
End Sub
```

- Click 事件：单击鼠标左键时发生，其事件编写格式如下。

```
Private Sub Form_Click()
End Sub
```

- DlbClick 事件：双击鼠标左键时发生，其事件编写格式如下。

```
Private Sub Form_DblClick()
End Sub
```

- GotFocus 事件：焦点移向窗体时发生，其事件编写格式如下。

```
Private Sub Form_GotFocus()
End Sub
```

- Initialize 事件：窗体初始化时发生，其事件编写格式如下。

```
Private Sub Form_Initialize()
End Sub
```

- KeyDown 事件：键盘按键时发生，其事件编写格式如下。

```
                   Private Sub Form_KeyDown(KeyCode As Integer,Shift As Integer)
                   End Sub
```
● KeyUp 事件:键盘键弹起时发生,其事件编写格式如下。
```
                   Private Sub Form_KeyUp(KeyCode As Integer,Shift As Integer)
                   End Sub
```
● Load 事件:窗体加载时发生,其事件编写格式如下。
```
                   Private Sub Form_Load()
                   End Sub
```
● LostFocus 事件:窗体失去焦点时发生,其事件编写格式如下。
```
                   Private Sub Form_LostFocus()
                   End Sub
```
● MouseDown 事件:鼠标键按下时发生,其事件编写格式如下。
```
                   Private Sub Form_MouseDown(Button As Integer,Shift As Integer,X As Single,Y As
                   Single)
                   End Sub
```
● MouseMove 事件:鼠标键移动时发生,其事件编写格式如下。
```
                   Private Sub Form_MouseMove(Button As Integer,Shift As Integer,X As Single,Y As
                   Single)
                   End Sub
```
● MouseUp 事件:鼠标键弹起时发生,其事件编写格式如下。
```
                   Private Sub Form_MouseUp(Button As Integer,Shift As Integer,X As Single,Y As
                   Single)
                   End Sub
```
● Resize 事件:窗体改变大小时发生,其事件编写格式如下。
```
                   Private Sub Form_Resize()
                   End Sub
```
● QueryUnload 事件:一个窗体或应用程序关闭之前发生,其事件编写格式如下。
```
                   Private Sub Form_QueryUnload(Cancel As Integer,UnloadMode As Integer)
                   End Sub
```
● Unload 事件:窗体卸载时发生,其事件编写格式如下。
```
                   Private Sub Form_Unload(Cancel As Integer)
                   End Sub
```

窗体的事件处理程序是进行 Visual Basic 设计的重点。任何符合需求的程序设计都离不开代码的编写,而代码的编写在 Visual Basic 中主要表现为事件处理程序的编写。

2.3.2 窗体的设计

窗体的设计是通过窗体设计器(Form Designer)进行的,窗体设计器如图 1.6 所示。

窗体设计器是 Visual Basic 开发环境的主窗口,可以用来设计和编辑用户界面。

通过选择工具箱中的控件可以在窗体上添加必要的控件以满足实际应用的需要。从工具箱中添加控件到窗体上的方法是:先用鼠标选择目标控件,然后在窗体中按住鼠标左键将其拖放成需要的大小。图 2.5 所示为一个股票选择算法的界面设计。

对齐窗体上多个控件,选择"格式"→"对齐"→"左对齐"(或"居中对齐"、"右对齐"、"顶端对齐"、"中间对齐"、"底端对齐"、"对齐到网格")命令。

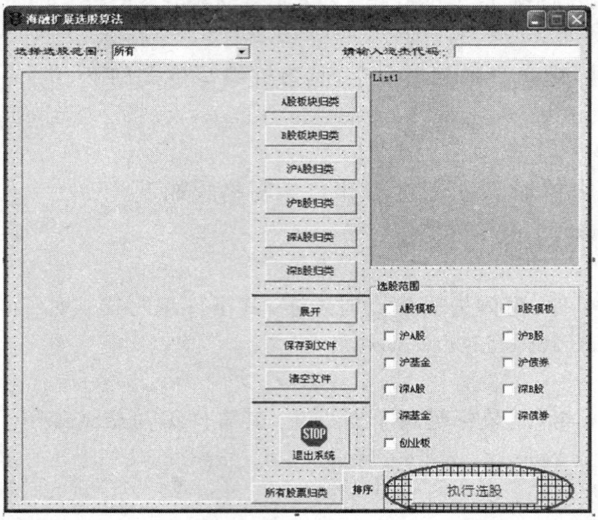

图 2.5　股票选择算法的界面设计

调整窗体上多个控件的大小,选择"格式"→"统一尺寸"→"宽度相同"(或"高度相同"、"两者都相同")命令。

调整窗体上多个控件的水平间距,选择"格式"→"水平间距"→"相同间距"(或"递增"、"递减"、"移除")命令。

调整窗体上多个控件的垂直间距,选择"格式"→"垂直间距"→"相同间距"(或"递增"、"递减"、"移除")命令。

调整窗体上控件在窗体上的相对位置,选择"格式"→"在窗体中居中对齐"→"水平对齐"(或"垂直对齐")命令。

调整窗体上控件的前后位置,选择"格式"→"顺序"→"移至顶层"(或"移至底层")命令。

锁定窗体上控件的相对位置,选择"格式"→"锁定控件"命令。

要想在运行的过程中看到窗体,必须将窗体装入内存,然后才能显示出来。窗体装入内存之后,会占用系统资源。因此,在程序运行的过程中,要适当地卸载一些不用的窗体,以释放内存。

在 Visual Basic 中,要将窗体装入内存,需要用到 Load 语句,其语法如下。

```
Load object
```

其中 object 为需要装入内存的窗体对象的名称,例如,窗体对象的名称是 Form1,则装入该窗体的语句是 Load Form1。但是,在 Visual Basic 中,窗体的装入是随着应用程序的启动而自动完成的,无须使用 Load object 语句;只有当卸载了一个窗体又想重新装载它时,才需要用到 Load 语句。

显示窗体的语句是 Show 语句,该语句的语法如下。

```
Object.show style,ownerform
```

其中,Object 是窗体对象的名字,省略时表示的是当前的活动窗体;style 是可选项,表示窗体是模式的还是非模式的,如果 style 取 0 则表示窗体是非模式的,如果 style 取 1 则表示窗体是模式的;ownerform 也是可选项,表示控件所属的窗体被显示,默认值是 Me,即当前窗体。

模式窗体是指该窗体完全占有应用程序,不允许在不同窗体之间进行切换。非模式窗体是指当窗体运行时允许将当前窗体切换到应用程序中其他任何窗体。

隐藏窗体的语句是 Hide 语句,其语法如下。

```
Object.hide
```

窗体隐藏时,它就从屏幕上被删除,用户无法访问到它。如果调用 Hide 方法时窗体还没有加载,那么 Hide 方法将加载该窗体但不显示它。

窗体使用完毕,要将其卸载,卸载窗体的语句是 Unload 语句,其语句如下。

```
Unload object
```

其中,object 是所要卸载窗体的名字。

2.3.3 窗体的生命周期

Visual Basic 6.0 窗体的生命周期包括"初始化阶段"、"加载阶段"、"活跃阶段"和"卸载阶段"。

1. 初始化阶段

窗体的初始化阶段也是窗体的创建阶段,即当窗体被创建时触发事件。窗体的初始化阶段由 Initialize 事件管理,其语法如下。

```
Private Sub Form_Initialize()
End Sub
```

2. 加载阶段

窗体的加载阶段是指先把窗体相关的数据压入内存,然后找到函数的入口并执行。窗体的加载阶段由 Load 事件管理,其语法如下。

```
Private Sub Form_Load()
End Sub
```

Load 事件内通常放置程序初始化的数据,不宜放置对象或控件的执行方法,如果要执行这些对象或控件的方法,可以将相关语句放置到窗体的 Activate 事件(活跃阶段)中。

3. 活跃阶段

窗体的活跃阶段是指窗体成为当前的活动对象。窗体的活跃阶段由 Activate 事件管理,其语法如下。

```
Private Sub Form_Activate()
End Sub
```

4. 卸载阶段

窗体的卸载阶段是指窗体从内存中清除并在屏幕上消失。窗体的卸载阶段由 Unload 事件管理,其语法如下。

```
Private Sub Form_Unload(Cancel As Integer)
End Sub
```

2.4 标签、文本框

2.4.1 标签

标签控件(Label)**A**用于显示窗体上的提示信息(用户无法编辑),通常用来标识其他控件的用途。

在实际操作中,既可以静态地改变标签控件显示的标题,又可以动态地改变标签控件显示的标题,前者通过手工设置标签控件的 Caption 属性来实现,后者通过程序代码改变标签控件的 Caption 属性来实现。

如果希望标签控件显示的标题具有多行,需要设置 AutoSize 属性和 WordWrap 属性。其中,AutoSize 属性用来控制标签在运行过程中是否能自动调整大小来显示内容;WordWrap 属性用来控制标签在编辑过程中是否能自动调整大小来显示内容。

标签控件的常用属性如表 2.5 所示。

表 2.5　标签控件的常用属性

属　　性	功　　能
RightToLeft	决定控件中文字的显示方向,为 False 时从左到右显示,为 True 时从右到左显示
BackColor、ForeColor	分别返回/设置控件的背景填充色、前景填充色
Height、Weight	分别决定控件在窗体中的高度、宽度
Alignment	控制标签框控件中文本的对齐方式
Caption	标签控件中显示的文本内容
Visible	返回/设置一个值决定按钮是否可见,为 True 时按钮可见,为 False 时按钮不可见
Enabled	决定该控件是否有效,为 True 时控件有效,为 False 时控件无效
Index	在控件数组中的标识号
Left	对象的左边缘与容器(例如窗体)的左边缘的距离
Top	对象的上边缘与容器(例如窗体)的上边缘的距离

2.4.2　文本框

文本框控件(TextBox) ⓐⓑⓛ,有时也称为编辑字段控件或编辑框控件,它用来显示用户输入的或程序赋予的文本信息。

为了在文本框控件中显示多行文本,需要将文本框控件的 MultiLine 属性设置为 True。为了在文本框上定制滚动条组合,需要设置文本框的 ScrollBars 属性。如果文本框的 MultiLine 属性设置为 True 且 Scrollbars 设置为 1-Horizontal、2-Vertical 或 3-Both 时,则文本框总带有滚动条。可以用 Alignment 属性来设置文本框中文本的对齐方式。

文本框控件的常用属性如表 2.6 所示。

表 2.6　文本框控件的常用属性

属　　性	功　　能
Text	返回/设置文本框控件中包含的文本
MultiLine	决定控件是否可以显示多行文本,为 False 时显示一行,为 True 时显示多行
ScrollBars	决定文本框是否有滚动条,0-None 表示没有滚动条,1-Horizontal 表示水平滚动条,2-Vertical 表示垂直滚动条,3-Both 表示水平和垂直滚动条都有
Alignment	控制文本框控件中文本的对齐方式
Locked	决定控件是否可编辑

属　　性	功　　能
Visible	返回/设置一个值决定按钮是否可见,为 True 时按钮可见,为 False 时按钮不可见
Enabled	决定该控件是否有效,为 True 时有效,为 False 时无效
Index	在控件数组中的标识号
Left	对象的左边缘与容器(例如窗体)的左边缘的距离
Top	对象的上边缘与容器(例如窗体)的上边缘的距离
Height、Weight	分别决定文本框的高度、宽度

在 Visual Basic 中,文本框控件常见的"触发事件"有以下几个。

(1)Click 事件:单击文本框时触发。

(2)KeyDown、KeyUp 事件:分别在键盘按键被按下或松开瞬间触发。

(3)MouseDown、MouseUp 事件:分别在鼠标按键在文本框中被按下或松开瞬间触发。

(4)MouseMove 事件:当鼠标按键在文本框中移动时触发。

(5)Change 事件:当文本框中文本内容发生改变时触发。

(6)DblClick 事件:当用鼠标在文本框中双击时触发。

2.5　命令按钮

命令按钮(CommandButton)用来启动某个事件代码完成特定的功能,例如,关闭窗体、执行算法等。命令按钮的常用属性如表 2.7 所示。

表 2.7　命令按钮的常用属性

属　　性	功　　能
Caption	返回/设置命令按钮控件的标题
Style	返回/设置命令按钮的外观,其值为 0 时为标准按钮,其值为 1 时为图形按钮
Visible	返回/设置一个值决定按钮是否可见,为 True 时可见,为 False 时不可见
Enabled	决定该控件是否有效,为 True 时有效,为 False 时无效
Index	在控件数组中的标识号
Left	对象的左边缘与容器(例如窗体)的左边缘的距离
Top	对象的上边缘与容器(例如窗体)的上边缘的距离

【例 2.1】　命令按钮的 Enabled 属性、Visible 属性及事件的触发。

新建一个如图 2.6 所示的工程项目,其中项目名和窗体文件名均为 Button。窗体的标题是"命令按钮示例"。窗体中有三个命令按钮控件(Command1、Command2 和Command3),它们的标题分别为"隐藏"、"无效"和"调用方法"。单击 Command1 时,Command3 隐藏;单击 Command2 时,Command3 无效;单击 Command3 时(当 Command3有效和显示时),调用 MsgBox 方法显示提示信息"Hello World"。

【解答】　利用文件菜单的"新建工程"命令新建一个标准的 EXE 工程,工程文件和窗体文件的名字均为 Button。

图 2.6　例 2.1 中工程项目示例

通过工具栏在窗体上放置三个按钮控件(Command1、Command2 和 Command3),并将它们的 Caption 属性分别修改为"隐藏"、"无效"和"调用方法"。

双击 Command1 命令按钮进入代码窗口,编写如下代码。

```
Private Sub Command1_Click()
Command3.Visible= False
End Sub
```

同理,双击 Command2 命令按钮,编写如下代码。

```
Private Sub Command2_Click()
Command3.Enabled= False
End Sub
```

双击 Command3 命令按钮,编写如下代码。

```
Private Sub Command3_Click()
MsgBox"Hello World"
End Sub
```

2.6　单选按钮、复选框

2.6.1　单选按钮

单选按钮(Option Button)是用于标记单一选项的控件。单选按钮通常以选项按钮组的形式出现,一个选项按钮组中往往包含若干个单选按钮,但用户只能从中选择一个按钮。例如性别被设计成一个选项按钮组,它包含两个单选按钮"男"、"女"。

单选按钮控件的常用属性如表 2.8 所示。

表 2.8　单选按钮控件的常用属性

属　　性	功　　能
Caption	返回/设置单选按钮控件的标题
Value	返回/设置单选按钮的值,为 False 或 True
Enabled	决定该控件是否有效,为 True 时有效,为 False 时无效
Index	在控件数组中的标识号
Left	对象的左边缘与容器(例如窗体)的左边缘的距离
Top	对象的上边缘与容器(例如窗体)的上边缘的距离

2.6.2 复选框

复选框(Check Box)是用于标记两种状态,例如真(. T.)或假(. F.)的控件。当处于选中状态时,复选框内显示一个对勾(√);否则,复选框内为空白。

复选框控件的常用属性如表2.9所示。

表2.9 复选框控件的常用属性

属　性	功　能
Caption	返回/设置复选框控件的标题
Value	返回/设置复选框的值,为0时表示不选,为1时表示选择,为2时表示无效
Enabled	决定该控件是否有效,为True时表示有效,为False时表示无效
Index	在控件数组中的标识号
Left	对象的左边缘与容器(例如窗体)的左边缘的距离
Top	对象的上边缘与容器(例如窗体)的上边缘的距离

【例2.2】 单选按钮和复选框的应用。

建立如图2.7所示的教师信息管理窗体界面,其中工程名和窗体文件名均为Teacher。窗体的标题是"教师情况",窗体中有两个命令按钮(Command1和Command2)、两个复选框控件(Check1和Check2)和两个单选按钮控件(Option1和Option2)。Command1和Command2的标题分别是"执行"和"退出",Check1和Check2的标题分别是"所在的系"和"职称",Option1和Option2的标题分别是"按教师号升序"和"按教师号降序"。

图2.7 教师信息管理窗体界面

【解答】 利用文件菜单下的"新建工程"命令可以创建新的工程和窗体文件,将它们命名为Teacher。

通过工具箱向窗体中添加各个控件。

将窗体的Caption属性修改为"教师情况"。

将Command1和Command2的Caption属性分别修改为"执行"和"退出"。

将Check1和Check2的Caption属性分别修改为"所在的系"和"职称"。

将Option1和Option2的Caption属性分别修改为"按教师号升序"和"按教师号降序"。

说明：在例 2.2 中，实际建立工程过程中还需要添加一个页框控件（Frame），它把两个单选按钮框起来，其标题（Caption 属性）为"排序"。

2.7 定时器

定时器控件（Timer）能对时间做出反应，我们可以让定时器以一定的时间间隔重复地执行某种操作，这一行为称为"闹钟设置"。定时器控件通常用来检查是否应该执行某一任务，检查的标准是系统的时间和定时的时间段。对于其他一些后台处理，定时器控件也很有用。

定时器控件的常用属性如表 2.10 所示。

表 2.10　定时器控件的常用属性

属　性	功　　能
Enabled	决定该控件是否有效，为 True 时有效，为 False 时无效
Index	在控件数组中的标识号
Interval	定时的间隔（单位符号为 ms）
Left	对象的左边缘与容器（例如窗体）的左边缘的距离
Top	对象的上边缘与容器（例如窗体）的上边缘的距离

【例 2.3】　定时器的应用。

设计一个如图 2.8 所示的定时器窗体界面，要求如下：

（1）工程文件名和窗体文件名均为 Timer，窗体的标题为"时钟"，窗体运行时自动显示系统的当前时间；

（2）显示时间的控件为标签控件 Label1（要求在窗体中居中显示，标签文本的对齐方式为 2-Center）；

（3）单击"暂停"按钮（Command1）时，时钟停止；

（4）单击"继续"按钮（Command2）时，时钟继续显示当前时间；

（5）单击"退出"按钮（Command3）时，关闭窗体。

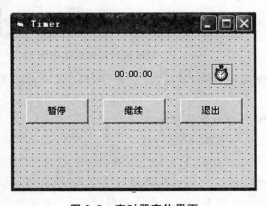

图 2.8　定时器窗体界面

使用定时器控件，将该控件的 Interval 属性设置为 500，即每 500 ms 触发一次定时器控件的 Timer 事件,显示一次系统的当前时间。当前的时间通过调用系统函数 Time()获取。

操作过程如下。

(1)新建一个标准的 EXE 工程,将窗体文件和工程文件名均保存为 Timer。

(2)将窗体的 Caption 属性改为"时钟"。

(3)在工具箱中单击标签控件,在窗体上放置一个标签,修改其 Alignment 属性为"2-Center"。选择"格式"→"在窗体中居中对齐"→"水平对齐"命令。

(4)在窗体中央放置三个命令按钮,分别修改它们的 Caption 属性为"暂停"、"继续"、"退出"。

(5)在窗体中放置一个定时器控件,修改其 Interval 属性为 500。

双击定时器控件进入代码窗口,编写如下代码。

```
Private Sub Timer1_Timer()
Label1.Caption= Time()
End Sub
```

同理,编写暂停按钮(Command1)、继续按钮(Command2)和退出按钮(Command3)的代码如下。

```
Private Sub Command1_Click()
Timer1.Interval= 0
End Sub

Private Sub Command2_Click()
Timer1.Interval= 500
End Sub

Private Sub Command3_Click()
Unload Form1
End Sub
```

其中,定时器(Timer1)的 Interval 属性等于 0 表示停止定时,即不触发定时器的定时事件;语句"Unload Form1"表示关闭窗体 Form1。

习　题　2

1.选择题

(1)控件是对数据和方法的封装,控件由(　　)组成。

A.对象　　　　　B.事件　　　　　C.属性和方法　　　　　D.属性、方法和事件

(2)Appearance 属性用来设置控件的外观,其取值为(　　)。

A.0 和 1　　　　　　　　　　B.平面绘制和 3D 绘制

C.样式　　　　　　　　　　D.字符型

(3)窗体是 Visual Basic 的基本构成成分,是运行程序时与用户交互的界面。窗体有自己的(　　)。

A.属性　　　　　B.属性和方法　　C.方法和事件　　　　　D.属性、方法和事件

(4)窗体的 Activate 事件是对窗体的激活条件进行反应,其事件处理编写格式为(　　)。

A.
```
Private Activate()
End Sub
```
B.
```
Private Sub Form_Activate()
End Sub
```
C.
```
Private Sub Activate()
End Sub
```
D.
```
Public Form_Activate()
End Sub
```

(5)(　　)是 Visual Basic 开发环境的主窗口,可以用来设计和编辑用户界面。

A.窗体设计器　B.工具箱　　　　C.代码窗口　　　　　　　D.工程资源管理器

(6)窗体的生命周期包括"初始化阶段"、"加载阶段"、"活跃阶段"和(　　)。

A.卸载阶段　　　B.发展阶段　　　C.废弃阶段　　　　　D.演化阶段

(7)标签控件的标题通过设定该控件的(　　)属性。

A.Value　　　　B.Text　　　C.Title　　　　　D.Caption

(8)文本框控件(TextBox),有时也称为编辑字段控件或(　　),它用来显示用户输入的或程序赋予的文本信息。

A.标签控件　　B.文本控件　　C.编辑框控件　　　　D.输入控件

(9)命令按钮(CommandButton)用来启动某个(　　),以完成特定的功能,如关闭窗体、执行算法等。

A.方法　　　B.事件　　　C.属性　　　　　D.消息

(10)单选按钮(OptionButton)是用于标记(　　)选项的控件,单选按钮通常以选项按钮组的形成出现。

A.单一　　　　B.成组　　　C.多个　　　　　D.不确定数目

(11)复选框(CheckBox)是用于标记两种状态的控件,即(　　)。

A.选择或不选择B.确定或不确定C.真(.T.)或假(.F.) D.正确或错误

(12)定时器控件(Timer)能对时间做出反应,我们可以让定时器以(　　)重复地执行某种操作,这一行为称为"闹钟设置"。

A.激发消息　　B.事件　　　C.方法　　　　　D.一定的间隔

(13)设在窗体上有一个名称为 Command1 的命令按钮和一个名称为 Text1 的文本框。要求单击 Command1 按钮时可把光标移到文本框中。下面正确的事件过程是(　　)。

A.
```
Private Sub Command1_Click()
Text1.GotFocus
End Sub
```
B.
```
Private Sub Command1_Click()
Text1.SetFocus
End Sub
```

C.

```
Private Sub Text1_Click()
Command1.GotFocus
End Sub
```

D.

```
Private Sub Text1_Click()
Command1.SetFocus
End Sub
```

(14)在窗体上有一个名为 Text1 的文本框。当光标在文本框中时,如果按下字母键 A, 则被调用的事件过程是(　　　)。

A. Form_KeyPress
B. Text1_LostFocus
C. Text1_Click
D. Test1_Change

2. 填空题

(1)_____和_____是面向对象方法的两个最基本的概念。

(2)对象的_____、_____和_____是对象的三个重要性质。

(3)控件是对数据和方法的封装,是一个以图形化方式显示出来的能与用户进行交互的_____。

(4)Appearance 属性用来设置窗体的外观。该属性取"0"时,表示平面外观;取"1"时表示三维外观,默认是_____。

(5)_____属性用来设置控件是否可见,为 True 时可见,为 False 时不可见。

(6)显示窗体的语句(方法)是_____。

(7)窗体的_____阶段也是窗体的创建阶段,即当窗体被创建时触发事件。

(8)如果希望标签控件显示的标题具有多行,需要设置_____属性和_____属性。其中,_____属性用来控制标签在运行过程中是否能自动调整大小来显示内容;而另一个属性_____用来控制标签在编辑过程中是否能自动调整大小来显示内容。

(9)单选按钮(OptionButton)用于标记单一选项的控件,单选按钮通常以_____的形式出现。

(10)定时器控件(Timer)能对时间做出反应,我们可以让定时器以一定的间隔_____地执行某种操作,这一行为称为"闹钟设置"。

3. 简述题

(1)简述对象的属性、方法和事件并比较它们。

(2)控件的通用属性有哪些? 试说明它们的区别。

(3)窗体有哪些常用的属性、方法和事件?

(4)试比较标签控件和文本框控件的属性、方法和事件。

(5)试比较命令按钮、单选框按钮和复选框按钮的属性、方法和事件。

第3章 Visual Basic 程序设计基础

我们知道 Visual Basic 应用程序包括两部分内容,即界面和程序代码。其中程序代码的基本组成单位是语句(指令),而语句是由不同的"基本元素"构成的,包括数据类型、常量、变量、内部函数、运算符和表达式等。

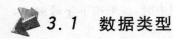 3.1 数据类型

数据是程序的必要组成部分,也是程序处理的对象。Visual Basic 6.0 可以处理数值、字符、日期时间、对象等多种类型的数据。数据类型用于描述各种数据,不同数据的存储方式和运算规则各不相同。Visual Basic 6.0 提供的基本数据类型主要有字符串型数据和数值型数据,此外,还提供了字节型、逻辑型、货币型、日期时间型、对象型、变体型。自定义数据类型是用户使用 Type 关键字定义的数据类型。表 3.1 列出了 Visual Basic 6.0 常用数据类型。

表 3.1 Visual Basic 6.0 **常用数据类型**

数据类型	符号	字 节 数	取值范围和有效位数
整型	％	2	精确表示-32 768~32 767 范围内的整数
长整型	&	4	精确表示-2 147 483 648~2 147 483 647 范围内的整数
单精度浮点型	!	4	负数:-3.402823E38 至-1.401298E-45 正数:1.401298E-45 至 3.402823E38 最多允许 7 位有效位数字
双精度浮点型	♯	8	负数:-1.79769313486232E308 至-4.94065645841247E-324 正数:4.94065645841247E-324 至 1.79769313486232E308 最多允许 15 位有效位数字
货币型	@	8	-922 337 203 685 477.580 8 ~ 922 337 203 685 477.580 7
字节型		1	0~255
变长字符串	$	10 字节加字符串长度	0~2^{31} 个字符
定长字符串	$	字符串长度	1~65 536 个字符
逻辑型		2	True 或 False
日期型		8	100 年 1 月 1 日至 9999 年 12 月 31 日
对象型		4	任何对象的引用
变体型(数字)		16 个字节	任何数字值,最大可达双精度浮点型数据的取值范围
变体型(字符)		22 字节加字符串长度	字符串长度与变长字符串相同

3.1.1 数值型数据

1. 字节型

字节型（Byte）数据为整数，一个字节型数据用一个字节来保存，取值范围为 0～255。

2. 整型

整型（Integer）表示−32 768～32 767 范围内的整数。一个整型数据用两个字节来保存，数据类型符号为"％"。例如，19 和 19％都是整型数据。

3. 长整型

长整型（Long）表示−2 147 483 648～2 147 483 647 范围内的整数。一个长整数据用四个字节来保存，数据类型符号为"&"。例如，19& 和 29& 都是长整型数据。

4. 单精度浮点型

单精度浮点型（Single）数据用四个字节（32 位）保存，负数取值范围为−3.402823E38 至−1.401298E−45，正数取值范围为 1.401298E−45 至 3.402823E38。单精度浮点型数据最多允许 7 位有效数字，数据类型符号为"!"。例如，19!，2.3! 和 2.9E16! 都是单精度浮点型数据。

5. 双精度浮点型

双精度浮点型（Double）数据用八个字节（64 位）保存，负数取值范围为−1.79769313486232E308 至−4.94065645841247E−324，正数取值范围为 4.94065645841247E−324 至 1.79769313486232E308。双精度浮点型数据最多允许 15 位有效数字，数据类型符号为"＃"。例如，19＃，2.3 和 2.9＃16! 都是双精度浮点型数据。

任何一个不带类型说明符号的小数均默认为双精度浮点型数据。例如，2.3 为双精度浮点型数据，2.3! 为单精度浮点型数据。

6. 货币型

货币型（Currency）数据是特殊的小数，可用于表示货币值。每个货币型数据用八个字节保存，取值范围为−922 337 203 685 477.580 8～922 337 203 685 477.580 7。存储时，货币型数据小数点后固定 4 位有效数字，小数点前最多 15 位有效数字，数据类型符号为"@"。例如，19@、7.8@和 2.9E16@等都是货币型数据。

3.1.2 字符串型数据

字符串型（String）数据是指由双引号括起来的一串字符，可以包含字母、数字、空格、标点符号、汉字和其他可打印字符。例如，"Visual Basic"、"数据类型"、"100"、"−123.456"、"￥％＃"、" "等都是有效的字符串。

字符串的长度指字符串包含的字符个数，双引号作为字符串的定界符，不算字符串的内容。Visual Basic 6.0 采用 Unicode（双字节字符）方式处理字符，字符串中的英文字符和中文字符一样，都采用两个字节保存。每个中文字符和英文字符都看成是一个字符。

不包含任何字符的字符串（""）称为空字符串。

Visual Basic 中字符串可分为定长字符串和变长字符串两类。其中，定长字符串含有确定个数的字符，最大长度不超过 2^{16}（65 536）个字符，而变长字符串的长度是不固定的，可以从 0～2^{31}（约 20 亿）个字符。字符串型数据的数据类型符号为"$"。

在程序执行过程中,定长字符串的长度是固定的。在定义变量时,定长字符串的长度用类型名称加上一个"＊"号和常数来表示,一般格式如下。

```
String * 常数
```

例如:

```
Dim Name As String * 10
```

把变量 Name 定义为长度为 10 个字符的定长字符串,这样定义后,如果赋予该变量的字符串少于 10 个字符,则不足部分用空格填充;如果超过 10 个字符,则超出部分被截掉。

3.1.3 其他数据类型

1. 逻辑型

逻辑型(Boolean)数据用于表示逻辑值,只有两种值:逻辑真(True)和逻辑假(False)。一个逻辑型的数据用两个字节来保存。True 和 False 是 Visual Basic 6.0 定义的常量,True 对应−1,False 对应 0。

2. 日期时间型

一个日期时间型(Date)数据用八个字节保存,可表示的日期范围为 100 年 1 月 1 日至 9999 年 12 月 31 日,而时间范围为 0:00:00 至 23:59:59。任何可辨认的文本日期都可以赋值给 Date 变量。

日期时间型数据用"♯"作为定界符。例如,♯January 1,2012♯和♯1 Jan 12:09♯都是日期时间数据。

当数值转换为日期时间时,小数点左边的值表示日期,小数点右边的值则表示时间。其中,午夜为 0,中午 12 点为 0.5,负数表示 1899 年 12 月 31 日之前的日期和时间。

3. 对象型

对象型(Object)数据用来表示图形或其他对象,一个对象型数据用四个字节保存,对象实际上是一个 32 位地址,通过该地址可以引用应用程序中的对象。

4. 变体型

变体型(Variant)是一种特殊的数据类型,它为 Visual Basic 的数据处理增加了"智能"性,可以表示任何值,包括数据数值、字符串、日期等。它是程序中所有未定义的变量的默认数据类型,可以根据程序上下文的需要确定对数据的处理。变体型数据可用来保存除了用户自定义类型的数据以外的任何系统数据类型,还可以保存 Empty、Error 和 Null 等特殊数据。

3.1.4 自定义数据类型

自定义数据类型是指用 Type 语句定义的数据类型。Type 语句的语法格式如下。

[Private|Public] Type 类型名称

    元素 1 [([下标范围])] As 类型

    元素 2 [([下标范围])] As 类型

    …

    End Type

Private 或 Public 关键字用于限制自定义数据类型的使用范围,只能在模块中定义数据类型。

Private 表示类型为私有，只能在包含该定义的模块中使用。Public 表示类型是公有的，可在工程包含的所有模块中使用。

数据元素的类型可以是系统定义的数据类型，或者是其他自定义的数据类型。数据元素可以定义为定长字符串或变长字符串，也可定义为静态数组或动态数组。

例如：

```
Private Type Penson
    Name As String* 10
    Age As Byte
    Address As String
End Type
```

 ## 3.2 常量和变量

在程序中，不同类型的数据既可以以常量的形式出现，也可以以变量的形式出现。常量在程序执行过程中其值不发生变化，而变量的值是可变的，它代表内存中指定的存储单元。

3.2.1 常量

Visual Basic 6.0 中的常量分为五种，即数值常量、字符常量、日期常量、逻辑常量和符号常量。

1. 数值常量

数值常量共有四种表示方式，即整型数、长整型数、货币型数和浮点数。

1) 整型数

整型数有三种形式，即十进制整型数、八进制整型数和十六进制整型数。

(1) 十进制整型数：由一个或几个十进制数字(0~9)组成，可以带有正号或负号，其取值范围为 −32 768~32 767，例如，200、+26、−30 等。

(2) 八进制整型数：由一个或几个八进制数字(0~7)组成，前面冠以 &(或 &O)，其取值范围为 &O0 至 &O177 777。例如，&O345、&O6333 等。

(3) 十六进制整型数：由一个或几个十六进制数字(0~9 及 A、B、C、D、E、F，或者 a、b、c、d、e、f)组成，前面冠以 &H(或 &h)，其取值(绝对值)范围为 &H0 至 &HFFFF。例如，&H34、&H63F 等。

2) 长整型数

长整型数也有三种形式，即十进制长整型数、八进制长整型数和十六进制长整型数。

(1) 十进制长整型数：由一个或几个十进制数字(0~9)组成，可以带有正号或负号，其取值范围为 −2 147 473 648~2 147 473 647，例如，1 234、234、8 898 823 等。

(2) 八进制长整型数：由一个或几个八进制数字(0~7)组成，以 & 或 &O 开头，以 & 结尾，其取值范围为 &O0& 至 &O37777777777&。例如，&O345&、&O6333333& 等。

(3) 十六进制长整型数：由一个或几个十六进制数字(0~9 及 A、B、C、D、E、F，或者 a、b、c、d、e、f)组成，前以 &H(或 &h)开头，以 & 结尾，其取值范围为 &H0& 至 &HFFFFFFFF&。例如，&H67&、&H23ADCF& 等。

3) 货币型数

货币型数：取值范围为 −922 337 203 685 477.580 8 ~ 922 337 203 685 477.580 7，货币型数

也称为定点数。

4）浮点数

浮点数：也称实数，分为单精度浮点数和双精度浮点数。浮点数由尾数、指数符号和指数三部分组成，其中，尾数本身也是一个浮点数。指数符号为 E（单精度）或 D（双精度）。指数是整数，其取值范围为－32 768～32 767。指数符号 E 或 D 的含义为"乘以 10 的幂次"。例如在 123.456E－7 和 890D8 中，123.456 和 890 是尾数，E 和 D 是指数符号，它们表示123.456 乘以 10 的－7 次幂和 890 乘以 10 的 8 次幂，其实际值分别为 0.000 012 345 6 和89 000 000 000。

Visual Basic 在判断常量类型时有时存在多义性。例如，值 4.89 可能是单精度类型，也可以是双精度类型或货币类型。在默认情况下，Visual Basic 将选择需要内存容量最小的表示方法，值 4.89 通常被作为单精度数处理。为了清楚的指明常数的类型，可以在常数后面加上类型说明符。

2. 字符常量

字符常量指由双引号括起来的任意字符序列，其长度不能超过 65 535 个字符（定长字符串）或 231 个字符（变长字符串）。例如，"＄123.456"、"My name is ×××"。

3. 日期常量

日期常量指前后使用符号"＃"进行分隔的表示日期或时间的文字。例如，＃01/12/2012＃ 和 ＃2012-01-30＃ 等都是日期常量。

4. 逻辑常量

逻辑常量表示逻辑值，只有 True（真）和 False（假）两个值。

5. 符号常量

Visual Basic 6.0 中的符号常量可分为系统定义的内部常量和用户自定义的常量两类。

1）系统定义的内部常量

系统定义的内部常量又称预定义常量，Visual Basic 提供了大量的预定义常量，可以在程序中直接使用，这些常量均以小写字母 vb 开头。例如，vbCrLf 就是一个系统常量，它是回车/换行符，相当于执行回车/换行操作。在程序代码中，可以直接使用系统常量。

在实际操作中，可以通过"对象浏览器"查看系统常量。选择"视图"→"对象浏览器"命令（或按 F2 键），弹出"对象浏览器"对话框，如图 3.1 所示。在第一个下拉列表中选择"VBA"，然后在"类"列表中选择"全局"，即可在右侧的列表中显示预定义的常量，对话框底部的文本区将显示该常量功能的说明文字。在以后的章节中，会陆续介绍一些系统常量。

系统常量也是符号常量，但它是由系统定义的，可以在程序中引用，但不能修改。

2）用户自定义的常量

用户自定义的常量使用 Const 语句定义，其语法格式如下。

［Public｜Private］Const 常量名［As type］＝表达式

其中，Type 表示常量的数据类型，也可以在常量名末尾使用类型符号说明数据类型；若未指明常量的数据类型，则由等号右侧表达式值的数据类型决定。在表达式中可以使用已定义的符号常量，例如：

```
Public Const PI As Single= 3.1415926
Private Const PI% = 3.1415926
Const PI= 3.1415926
Const X= PI * 2
```

图 3.1 "对象浏览器"对话框

3.2.2 典型案例——计算圆的周长和面积

1. 案例目标

本案例练习利用符号常量和输入半径计算圆的周长和面积,其最终效果如图 3.2 所示。

【操作思路】

(1)圆周率定义为符号常量。

(2)半径用文本框输入。如果输入的不是数字或数字小于零,用 MsgBox 方法显示提示信息。

(3)单击"计算"按钮计算圆的周长和面积。

2. 操作步骤

(1)在 Windows 系统下选择"开始"→"所有程序"("程序")→"Microsoft Visual Basic 6.0 中文版"→"Microsoft Visual Basic 6.0 中文版"命令,启动 Visual Basic 6.0。

图 3.2 计算圆的周长和面积

(2)在"新建工程"对话框中双击"标准 EXE"图标,创建一个标准 EXE 工程。

(3)为窗体添加三个标签、三个文本框和一个命令按钮控件,按照表 3.2 设置各个控件的属性。

(4)属性设置完成后适当调整控件布局,如图 3.3 所示。

(5)在对象窗口中双击 计算 按钮,打开代码窗口。按照下面的代码编写命令按钮的单击事件过程。

表 3.2 控件属性设置

控件	属性	属性值
Lable1	Caption	半径:
Lable2	Caption	周长:
Lable3	Caption	面积:
Text1	Text	
Text2	Text	
Text3	Text	
Command1	Caption	计算

图 3.3 窗体设计

```
Private Sub Command1_Click()
    Const pi= 3.1415926              '定义圆周率
    Text2= 2 * pi * Text1           '计算周长
    Text3= pi * Text1 * Text1       '计算面积
End Sub
```

（6）在代码窗口的"对象"下拉列表框中选中 Text1，Visual Basic 6.0 自动将文本框的 Change 事件过程添加到代码窗口中。按照下面的代码编写 Text1 的 Change 事件过程，当文本框 Text1 内容变化时，将显示面积的文本框清空。

```
Private Sub Text1_Change()
    Text2= ""
    Text3= ""
End Sub
```

（7）在代码窗口的"对象"下拉列表框中选中 Text1，在"过程"下拉列表中选中 Validate，添加文本框 Text1 的 Validate 事件过程，实现文本框数据验证。文本框 Text1 的 Validate 事件过程代码如下。

```
Private Sub Text1_Validate(Cancel As Boolean)
    If Not Is Numeric(Text1)Or Val(Text1)< 0 Then
        MsgBox"请输入有效的半径!"
        Cancel= True
    End If
End Sub
```

（8）按 F5 键运行工程，测试运行结果。

3. 案例小结

符号常量常用于定义代码中频繁使用的数据。这样，当需要改变这些数据时，只需要改变符号常量的定义即可，不需要修改使用数据的代码。

3.2.3　变量

在程序运行中，其值可以改变的量称为变量（Variable），Visual Basic 用变量来存储数据值。每个变量都有一个名字（称为变量名）和相应的数据类型，通过变量名来引用一个变量，而数据类型则决定了该变量的存储方式。在程序代码中指定一个变量名，运行时系统就会为之分配合适的存储空间，对变量的操作就是对该存储空间中的数据进行操作。常用变量存储要求如表 3.3 所示。

表 3.3　常用变量存储要求

变量类型	类型说明符	As 类型名	数据长度（字节）
整型	％	Integer	2
长整型	&	Long	4
单精度浮点型	！	Single	4
双精度浮点型	#	Double	8
货币型	@	Currency	8
字节型		Byte	1
变长字符串	$	String	1 字节/字符
定长字符串	$	String * 数值	数值

1. 变量命名规则

变量名是一个名字,给变量命名时应遵循以下规则。

(1)必须以字母开头。

(2)可以包含字母、数字、下划线或汉字。

(3)不能包含空格(Space)。

(4)不能包含嵌入的标点符号或类型说明符(%、&、!、#、@或$)。

(5)可用类型说明符作为最后一个字符。

(6)变量名的有效字符最多为255个字符。

(7)不能使用 Visual Basic 6.0 的保留字作为变量名。

(8)在同一个范围内必须是唯一的。范围就是可以引用变量的变化域,例如,一个过程、一个窗体等。

在 Visual Basic 中,变量名及过程名、符号常量名、记录类型名、元素名等称为名字,它们的命名都必须遵循上述规则。

Visual Basic 不区分变量名和其他名字中字母的大小写,为了便于阅读,每个单词开头的字母一般用大写,即大小写混合使用组成变量名(或其他名字),如 PrintLable。此外,习惯上符号常量一般用大写字母定义。

2. 变量的类型和定义(声明)

任何变量都属于一定的数据类型,包括基本数据类型和用户自定义的数据类型。在 Visual Basic 中,可以用下面两种方式来规定一个变量的类型。

1)用类型说明符来标识

把类型说明符放在变量名的尾部,可以标识不同的变量类型。其中%表示整型,& 表示长整型,! 表示单精度浮点型,# 表示双精度浮点型,@表示货币型,$ 表示字符串型。例如,Score%、Pi#、Name$ 等。引用时,尾部的类型说明符可以省略。

2)在定义变量的过程中指定其类型

可以用下面的格式定义变量。

Declare 变量名 As 类型

这里的 Declare 可以是 Dim、Static、Redim、Public;As 是关键字;"类型"可以是基本数据类型或用户自定义的数据类型。

(1)Dim:用于在标准模块(Module)、窗体模块(Form)或过程(Procedure)中定义变量或数组。例如:

```
Dim Grade As Integer        (把 Grade 定义为整型变量)
Dim Pi As Double            (把 Pi 定义为双精度浮点型变量)
```

用 As String 可以定义变长字符串变量,也可以定义定长字符串变量。变长字符串变量的长度取决于赋给它的字符串常量的长度,定长字符串变量的长度通过加上" * 数值"来确定。例如:

```
Dim SchoolName As String        (把 SchoolName 定义为变长字符串变量)
Dim Name As String * 8          (把 Name 定义为定长字符串变量)
```

使用 Dim 还可以一次定义多个变量,例如:

```
Dim A1 As String,A2 As String,A3 As Double
```

上述语句把 A1、A2 定义为字符串型变量,A3 定义为双精度变量。

说明:当在一个 Dim 语句中定义多个变量时,每个变量都要用 As 子句声明其类型,否则没有被声明的变量则被看做是变体类型。例如:

```
Dim A1,A2 As Double
```

上述语句将 A1 定义为变体型变量,A2 定义为双精度变量。当用 Static、Redim 或 Public 定义变量时,情况完全相同。

(2)Static:用于在过程(Procedure)中定义静态变量及数组变量。与 Dim 不同,如果用 Static 定义了一个变量,则每次引用该变量时,其值会继续保留。而当引用 Dim 定义的变量时,变量值会被重新设置(数据变量重新设置为0,字符串变量被设置为空)。通常把由 Dim 定义的变量称为自动变量,而把由 Static 定义的变量称为静态变量。

(3)Public:用于在标准模块(Module)中定义全局变量或数组。用 Public 定义的全局变量或数组在工程的所有模块中都可以使用。例如:

```
Public Grade As Integer
```

(4)Redim:主要用于定义数据。

如果一个变量未被定义,末尾也没有类型说明符,则被默认定义为变体类型(Variant)变量。

3. 赋值语句

赋值语句用于给变量或对象属性赋值,其语法格式如下。

[Let] 变量名＝表达式 或 对象名.属性名＝表达式

赋值语句将等号右侧表达式的计算结果赋给左侧的变量。关键字 Let 可以省略,表达式可以是常量、变量或 Visual Basic 6.0 的各种表达式。例如:

```
A= 10                              '将常数 10 赋值给变量 A
Y= 2 * X+ 5                        '将表达式赋值给变量 Y
Z$ = "Visual Basic 6.0 程序设计"     '将字符串赋值给变量 Z
Form1.Caption= Z$                  '修改窗体 Form1 的标题
```

在赋值语句中,一定要注意变量、对象属性和表达式的数据类型。如果表达式的数据类型与变量或对象属性的数据类型不匹配,Visual Basic 6.0 可自动进行类型转换。例如:

```
A% = "100"     '字符串"100"转换为数值 100 赋值给变量 A%
B$ = 200       '数值 200 转换为字符串"200"赋值给变量 B%
```

如果无法完成自动类型转换,系统会提示错误信息。

3.2.4 典型案例——计算三角形面积

1. 案例目标

本案例将练习利用变量实现三角形面积计算,其最终效果如图 3.4 所示。

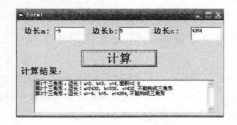

图 3.4 计算三角形面积

【操作思路】

(1)用文本框分别输入三角形的三边边长。

(2)用静态变量统计计算次数。

(3)计算机结果用多行文本框显示。

2. 操作步骤

(1)在 Windows 系统下选择"开始"→"所有程序"→"Microsoft Visual Basic 6.0 中文版"→"Microsoft Visual Basic 6.0 中文版"命令,启动 Visual Basic 6.0。

(2)在"新建工程"对话框中双击"标准 EXE"图标,创建一个标准 EXE 工程。

(3)为窗体添加四个标签、四个文本框和一个命令按钮控件,按照表 3.4 设置各个控件的属性。

表 3.4　控件属性设置

控件	属性	属性值	控件	属性	属性值
Lable1	Caption	边长 a:	Text3	Text	
Lable2	Caption	边长 b:	Text4	Text	
Lable3	Caption	边长 c:	Text4	MultiLine	True
Lable4	Caption	计算结果:	Text4	ScrollBars	2-Vertical
Text1	Text		Command1	Caption	计算
Text2	Text				

(4)属性设置完成后适当调整控件布局,如图 3.5 所示。

图 3.5　调整控件布局后的效果

(5)在对象窗口中双击 计算 按钮,打开代码窗口。按照下面的代码编写命令按钮的单击事件过程。

```
Private Sub Command1_Click()
    Static t As Integer
    Dim a As Single,b!,c!,l!,s# ,msg As String
    t= t+ 1                    '统计计算次数
    a= Val(Text1)              '获得边长 a
    b= Val(Text2)              '获得边长 b
    c= Val(Text3)              '获得边长 c
    l= (a+ b+ c)/ 2
    msg= 第"& t &"个三角形,边长:a= "& a &"、b= "& b &"、c= "& c

                               '& 为字符串之间的连接符
```

```
       If a+ b >  c And a+ c >  b And b+ c >  a Then
           s= Sqr(1 * (1-a)* (1-b)* (1-c))
           s= Int((s+ 0.005)* 100)/ 100           '保留两位小数
           msg= msg &",面积= "& s
       Else
           msg= msg &",不能构成三角形"
       End If
       Text4= Text4 & msg & vbCrLf           '将计算结果添加到文本框并换行输出
   End Sub
```

(6)按 F5 键运行工程,测试运行结果。

3. 案例小结

变量的使用应特别注意数据类型。本案例中,保存边长值的变量 a、b、c 及变量 l 都定义成单精度型,变量 s 定义为双精度型,是为了能够存储小数值。如果变量 l 和 s 定义为整数型数据类型,则无法得到正确的结果。

3.3　不同类型数据的转换

Visual Basic 能自动完成某些数据转换,为提高运行速度,通常使用 CType()函数来进行显式的转换。

Visual Basic 6.0 的常用数据转换函数有以下几个。

(1)CBool()函数:将任何有效的数字字符串或数值转换成逻辑型(Boolean)。

例如:CBool(123)或 CBool("123 ")　　　　　　结果为:True

CBool(0)或 CBool("0 ")　　　　　　结果为:False

(2)CByte()函数:将 0~255 之间的数值转换成字节型(Byte)。

例如:CByte(134.345+7.33)　　　　　　结果为:142

(3)CCur()函数:将表达式转换为货币型(Currency)。

例如:CCur(-0.234242+"9234382947328 ")　　结果为:9234382947327.7658

(4)CDate()函数:把一个数值转换为日期时间型(Date)。

例如:CDate(365.878)　　　　　　结果为:1900-12-30 下午 09:04:19

(5)CDbl()函数:将任何有效的数字字符串表达式或数值表达式转换为双精度浮点型(Double)。

例如:CDbl("923447937843840340.29434 ")　　结果为:9.2344793784384E+17

(6)CInt()函数:将任何有效的数字字符串或数值表达式转换为整型(Integer)。

例如:CInt("1543.9999 ")　　　　　　结果为:1544

CInt(1234.789+234)　　　　　　结果为:1469

(7)CLng()函数:将任何有效的数字字符串或数值表达式转换为长整型(Long)。

例如:CInt("14344.434 ")　　　　　　结果为:14344

CInt(12094.789+234)　　　　　　结果为:12329

(8)CSng()函数:将任何有效的数字字符串或数值表达式转换为单精度浮点型(Single)。

例如:CSng("2435.65765 "+13424)　　　　结果为:15859.66

(9)CStr()函数:将一个任意类型数据转换为字符串型(String)。

例如:? CStr(♯01/12/2012♯)　　　　　　结果为:2012-1-12

(10)CVar()函数:将表达式转换为变体型(Variant)。

例如:CVar("abc23"+"20")　　　　　　结果为:abc2320

(11)CVErr()函数:返回 Error 子类型的 Variant,其中包含指定的错误号。

例如:CVErr(4363)　　　　　　　　　结果为:错误 4363

 # 3.4 运算符与表达式

运算是对数据的加工。最基本的运算形式常常可以用一些简洁的符号来描述,这些符号称为运算符。被运算的对象(即数据),称为操作数。由运算符和操作数组成的表达式描述了对哪些数据、以何种顺序进行什么样的操作。操作数可以是常量,也可以是变量,还可以是函数,例如,A+3、T+VAL("123A")、X=C+A、PI * R * R 等都是表达式。单个变量或常量也可以看成是表达式。

Visual Basic 提供了丰富的运算符,可以构成多种表达式。

3.4.1 算术运算符与表达式

1.算术运算符

算术运算符是常用的运算符,用来执行简单的算术运算。Visual Basic 6.0 提供了八个算术运算符,表 3.5 中按优先级的先后顺序列出了这些算术运算符。

表 3.5　Visual Basic 6.0 的算术运算符

运算符	运算	示　　例
^	乘方	2^3,求 2 的 3 次方
—	取负	—X,求 X 的相反数
*	乘法	5 * 8,5 乘以 8,乘号不能省略
/	除法	5/2,结果为 2.5
\	整除	7\2,结果为 3;12.58\3.45,结果为 4(两边先四舍五入再运算)
Mod	取模	7 mod 2,结果为 1;12.5 Mod 3.1,结果为 1(两边先四舍五入再运算)
+	加法	1+2
—	减法	5—8

在八个算术运算符中,除取负(—)是单目运算符(仅需要一个操作数)外,其他均为双目运算符(需要两个操作数)。

1)整数除法

整数除法要求参与运算的数必须是整数,如果不是整数,则先进行四舍五入,然后再相除,结果取整数部分。例如,6.2\2 的结果为 3。

Visual Basic 6.0 中的四舍五入规则为"四舍五入,逢半取偶",例如,3.5 四舍五入为 4,4.5 四舍五入也为 4。

2)取模

取模运算就是求余数。例如，7 mod 2 就是求 7 除以 2 的余数，结果为 1。

2. 算术表达式

由各种算术运算符和操作数组成的表达式为算术表达式。例如：

2 ＊ X ＾3－3 ＊ X ＾2＋X ＊ 5

Pi ＊ r ＾ 2

书写 Visual Basic 的算术表达式，应注意其与数学表达式在写法上的区别。

(1)不能漏写运算符，如 3xy 应写作 3 ＊ x ＊ y。

(2)Visual Basic 算术表达式中使用的括号都是小括号。

3.4.2 字符串运算符与表达式

1. 字符串运算符

字符串运算符有两个："＋"和"&"，均为双目运算符，用于连接两边的字符串表达式。例如：

"12 "＋"34 "　　　　　运算后所得表达式的值为"1234 "

"杭州"&"西湖"　　　　　运算后所得表达式的值为"杭州 西湖"

字符串连接符"&"具有自动将非字符串类型的数据转换成字符串后再进行连接的功能，而"＋"则不能。例如：

"xyz "& 123　　　　　运算后所得表达式的值为" xyz123 "

"xyz "＋123　　　　　出现类型不匹配错误

"＋"即可作为加法运算符，又可作为字符串连接运算符。如果操作数的数据类型都是字符串，"＋"执行字符串连接；如果操作数中有一个数为数值型，"＋"执行加法(不是数值型的自动转换为数值)，例如：

"10 "＋"20 "　　　　　运算后所得表达式的值为"1020 "

10＋"20 "　　　　　运算后所得表达式的值为 30

2. 字符串表达式

字符串表达式由字符串常量、字符串变量、字符串函数和字符串运算符组成，最简单的字符串表达式可以是一个字符串常量。

3.4.3 关系运算符与表达式

1. 关系运算符

关系运算符也称比较运算符，用来对两个表达式的值进行比较，比较的结果是一个逻辑值，即真(True)或假(False)。Visual Basic 6.0 提供了八个关系运算符，如表 3.6 所示。

表 3.6　Visual Basic 6.0 的关系运算符

运算符	测 试 关 系	示　　　例
＝	相等	2＝3，判断 2 是否等于 3，结果为：False
＜＞或＞＜	不相等	12＜＞21 或 12＞＜21，判断 12 是否不等于 21，结果为：True
＜	小于	3＜5，判断 3 是否小于 5，结果为：True
＞	大于	4＞6，判断 4 是否大于 6，结果为：False

运算符	测试关系	示　　例
<=	小于或等于	2+3<=7,判断表达式 2+3 的结果 5 是否不大于 7,结果为:True
>=	大于或等于	0>=-7+9,判断 0 是否不小于表达式-7+9 的结果 2,结果为:False
Like	比较样式	"12"&3 like 120+3,判断 Like 前后两个表达式的返回值样式是否一致,结果为:True
Is	比较对象变量	

2. 关系表达式

只有关系运算符,或者同时包含关系运算符和算术运算符的表达式称为关系表达式。关系表达式的结果是一个逻辑(Boolean)类型的值,即 True 和 False。Visual Basic 把任何非 0 值都认为是"真",但一般以-1 表示真,以 0 表示假。

3.4.4　逻辑运算符与表达式

1. 逻辑运算符

逻辑运算符也称布尔运算符,用于对两个逻辑值进行逻辑运算,逻辑运算的结果仍为逻辑值,即 True 或 False。Visual Basic 6.0 的逻辑运算符有以下六种。

(1)Not(非):由真变假或由假变真,进行"取反"运算。例如,1>5,其值为 False,而 Not(1>5)的值为 True。

(2)And(与):对两个关系表达式的值进行比较,如果两个表达式的值均为 True,结果才为 True,否则为 False。例如,(1>5)And(5<6),结果为 False。

(3)Or(或):对两个表达式进行比较,如果其中一个表达式的值为 True,结果就为 True,只有两个表达式的值均为 False 时,结果才为 False。例如,(7>5)Or(5<6),结果为 True。

(4)Xor(异或):如果两个表达式同时为 True 或同时为 False,则结果为 False,否则为 True。例如,(7>5)Xor(5<6),结果为 False。

(5)Eqv(等价):如果两个表达式同时为 True 或同时为 False,则结果为 True,否则为 False。例如,(-4>-2)Eqv(5<-3),结果为 True。

(6)Imp(蕴含):当第一个表达式为 True,并且第二个表达式为 False 时,结果为 False,否则为 True。例如:

(4>-2)Imp(5<-3)　　　　　运算后所得表达式的值为:False
(-24>12)Imp(7<-9)　　　　运算后所得表达式的值为:True

2. 逻辑表达式

用逻辑运算符将多个关系表达式或逻辑量连接起来的式子就是逻辑表达式。逻辑表达式的结果是一个逻辑型的数值,即 True 和 False。逻辑表达式的计算按照一定的次序进行:先进行算术运算,再进行比较运算,最后进行逻辑运算。

3.4.5　表达式的应用

1. 表达式的书写规则

(1)乘号"*"不能省略,也不能用"·"代替。例如,x 乘以 y 应写成:x * y。

（2）括号必须成对出现，在表达式中只允许使用圆括号，可以出现多个圆括号，但要配对。

（3）表达式从左到右在同一基准上书写，无高低、大小区分。

2. 表达式的执行顺序

一个表达式可能含有多种运算，计算机按一定的顺序对表达式求值，一般顺序为：函数运算→算术运算→字符串运算→关系运算→逻辑运算。其中，算术运算的次序为①指数（^）→②取负（一）→③乘、除（＊、/）→④整除（\）→⑤取模（Mod）→⑥加、减（＋、一），逻辑运算的次序为①Not→②And→③Or→④Xor→⑤Eqv→⑥Imp。

 ## 3.5 常用内部函数

Visual Basic 的内部函数是系统预定义函数，可由用户直接调用。Visual Basic 提供了数以百计的内部函数，可以实现很多常用的操作。常用的内部函数包括数学函数、类型转换函数、日期时间函数及字符串函数。

3.5.1 数学函数

数学函数用于各种数学运算，包括三角函数、求平方根、绝对值及对数、指数等。Visual Basic 6.0 常用的数学函数如表 3.7 所示。

表 3.7　Visual Basic 6.0 常用的数学函数

函　　数	功　　能	示　　例	结　　果
Sin(N)	返回 N 的正弦值	Sin(0)	0
Cos(N)	返回 N 的余弦值	Cos(0)	1
Tan(N)	返回 N 的正切值	Tan(0)	0
Atn(N)	返回 N 的反正切值	Atn(0)	0
Abs(N)	取 N 的绝对值	Abs(−3.5)	3.5
Sgn(N)	取 N 的符号，即当 N<0 时，Sgn(N)＝−1， 当 N>0 时 Sgn(N)＝1， 当 N＝0 时 Sgn(N)＝0	Sgn(−3.5) Sgn(3.5) Sgn(0)	−1 1 0
Sqr(N)	返回 N 的平方根(N≥0)	Sqr(9)	3
Exp(N)	返回 e(自然对数底)的 N 次方，其类型为 Double	Exp(3)	20.085 536 923 187 7
Log(N)	返回 N 的自然对数，其类型为 Double	Log(10)	2.302 585 092 994 05
Rnd(N)	返回一个在区间[0,1)之间的随机数	Rnd	0~1 之间的数
Fix(N)	返回 N 的整数部分	Fix(3.5)	3
Int(N)	返回一个不大于 N 的整数	Int(3.8) Int(−6.2)	3 −7

3.5.2　字符串函数

字符串函数用于字符串处理。常用的字符串处理包括格式化、提取子字符串、获得字符串长度、字符串比较等操作。Visual Basic 6.0 常用字符函数如表 3.8 所示。

表 3.8　Visual Basic 6.0 常用字符串函数

函　数	功　能	示　例	结　果
Len(字符串)	返回字符串长度	Len(" ABCD ")	4
Left(字符串,n)	取左边 n 个字符	Left(" ABCD ",3)	" ABC "
Right(字符串,n)	取右边 n 个字符	Right(" ABCD ",3)	"BCD "
Mid(字符串,p[,n])	从第 p 个开始取 n 个字符	MID(" ABCDE ",2,3)	"BCD "
Instr([f,]字符串 1,字符串连[,k])	求字符串2在字符串1中出现的位置	Instr(" ABabc ","ab ")	3
String(n,字符)	生成 n 个字符	String(4,"＊")	"＊＊＊＊"
Space(n)	生成 n 个空格	Space(5)	5 个空格
Ltrim(字符串)	去掉左边空格	Ltrim(" AB ")	"AB "
Rtrim(字符串)	去掉右边空格	Rtrim(" AB ")	" AB "
Trim(字符串)	去掉左、右边空格	Trim(" AB ")	"AB "
Lcase(字符串)	将字符串中的所有大写字母转成小写字母	Lcase(" Abab ")	"abab "
Ucase(字符串)	将字符串中的所有小写字母转成大写字母	Ucase(" Abab ")	" ABAB "
StrComp(字符串 1,字符串 2[,k])	按 ASCII 码值比较字符串1与字符串 2 的大小	StrComp(" AB "," ABC ") StrComp(" AB "," AB ") StrComp("a","AB")	−1 0 1

3.5.3　日期时间函数

日期时间函数用来返回系统当前的日期和时间。Visual Basic 6.0 常用的日期和时间函数如表 3.9 所示。

表 3.9　Visual Basic 6.0 常用时间函数

函　数	功　能	示　例	结果举例
Date	返回系统当前日期	Date	2012-1-16
Now	返回系统日期和时间	Now	2012-1-16 上午 11:31:35
Day(d)	返回当前的日	Day(Now)	16
WeekDay(d)	返回当前的星期	WeekDay(Now)	2
Month(d)	返回当前的月份	Month(Now)	1
Year(d)	返回当前的年份	Year(Now)	2012

函 数	功 能	示 例	结果举例
Hour(t)	返回当前的小时	Hour(Now)	11
Minute(t)	返回当前分钟	Minute(Now)	32
Second(t)	返回当前秒	Second(Now)	40
Timer	返回从 0 点开始已过的秒数	Timer	41628.47
Time	返回当前时间	Time	上午 11:34:07

3.5.4 转换函数

Visual Basic 中,经常利用转换函数转换数据类型或形式,包括进制、整型、实型、字符串之间,以及数值与 ASCII 字符之间的转换。Visual Basic 6.0 常用的转换函数如表 3.10 所示。

表 3.10 Visual Basic 6.0 常用转换函数

函 数	返回值类型	功 能	示 例	结果
Val(x)	Double	将数字字符串 x 转换为数值	2＋val("12")	14
Str(x)	String	将数值转换为字符串,字符串首位表示符号	Str(5)	" 5 "
Asc(x)	Integer	求字符串中首字符的 ASCII 码	Asc("AB")	65
Chr(x)	String	将 x 转换为字符串	Chr(65)	"A"
Cint(x)	Integer	将 x 转换为整型数,小数部分四舍五入	Cint(1234.57)	1235
Clng(x)	Long	将 x 转换为长整型数,小数部分四舍五入	Clong(325.3)	325
Csng(x)	Single	将 x 转换为单精度浮点型数	Csng(56.5421117)	56.54211
Cdbl(x)	Double	将 x 转换为双精度浮点型数	Cdbl(1234.5678)	1234.5678
Ccut(x)	Currency	将 x 转换为货币型数	Ccur(876.43216)	876.4322
Cvar(x)	Variant	将 x 转换为变体型数	Cvar(99& "00")	"9900"
Hex(x)	String	将十进制数 x 转换为十六进制数	Hex(31)	&h1f
Oct(x)	String	将十进制数 x 转换为八进制数	Oct(20)	&O24

3.5.5 格式输出函数

格式输出函数可以使数值、日期或字符串按指定的格式输出。其格式如下。

Format(<表达式>[,<格式字符串>])

其中,<表达式>表示要格式化的数值、日期或字符串表达式;<格式字符串>表示指定表达式的值的输出格式。格式字符串有三类:数值格式、日期格式和字符串格式。

说明：

格式字符串是一个字符串常量或变量，它由专门的格式说明字符组成。

(1)♯(数字占位符)：表示一个数字位，不在前面或后面补。♯的个数决定了显示区段的长度。

(2)0(数字占位符)：与♯功能相同，只是多余的位以 0 补齐。

(3).(小数点)：根据字符串的位置，小数部分多余的数字按四舍五入规则处理。

(4),(千位分隔符)：逗号。在格式字符串中插入逗号起到"分位"的作用。

(5)%(百分比符号)：百分号。通常放在格式字符串的尾部。

(6)$(美元符号)：通常作为格式字符串的起始字符。

(7)+(正号)：使显示的正数带上符号。通常放在格式字符串的头部。

(8)-(负号)：用来显示负数。

(9)E+(或 E-)(指数符号)：用指数形式显示数值。

下面以例子说明格式输出函数中最常用的一些格式字符的使用。

例如：

```
Print Format(123.45,"0000.000")      '"0"为数字占位符,显示一位数字或零。结果
                                      为 0123.450
Print Format(123.45,"0.0")           '结果为 123.5
Print Format(123.45,"# # # # .# # # ") '"#"为数字占位符,显示一位数字或什么都不
                                      显示。结果为 123.45
Print Format(123.45,"# .# ")         '结果为 123.5
Print Format(0.123,".# # ")          '结果为.12
Print Format(0.123,"0.# # ")         '结果为 0.12
```

也常用 Format(<表达式>)将一个数值型数据转换成字符串。

例如：Format(3.14)的值为字符串"3.14"。

3.5.6 案例——字符串加密

1.案例目标

本案例将练习利用字符串函数实现字符串加密功能，其最终效果如图 3.6 所示。

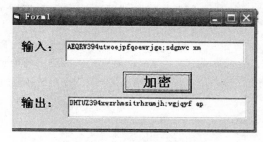

图 3.6 字符串加密示例

对字符串中的英文字母进行加密，其他字符保持不变，加密规则如下。

A→D B→E C→F …… X→A Y→B Z→C

a→d b→e c→f …… x→a y→b z→c

【操作思路】

(1)字符串输入和显示用文本框，单击"加密"按钮执行加密操作。

（2）加密时，依次取出处理输入字符串中的每个字符。首先判断该字符是否为英文字母，是英文字母则执行转换操作。

（3）英文字母转换通过 ASCII 加 3 完成。但应注意特殊情况，即 X,Y,Z,x,y 和 z 等字母，在 ASCII 加 3 后，再减 26 才是正确的结果。

2. 操作步骤

（1）在 Windows 系统下选择"开始"→"所有程序"→"Microsoft Visual Basic 6.0 中文版"→"Microsoft Visual Basic 6.0 中文版"命令，启动 Visual Basic 6.0。

（2）在"新建工程"对话框中双击"标准 EXE"图标，创建一个标准 EXE 工程。

（3）为窗体添加两个标签、两个文本框和一个命令按钮控件。将两个标签的 Caption 属性分别设置为"输入："和"输出："，文本框的 Text 属性设置为空，命令按钮的 Caption 属性设置为"加密"。

（4）属性设置完成后适当调整控件布局，如图 3.7 所示。

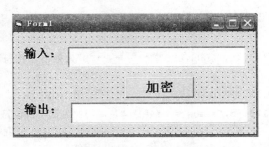

图 3.7　调整控件后的效果

（5）在对象窗口中双击 **加密** 按钮，打开代码窗口。按照下面的代码编写命令按钮的单击事件过程。

```
Private Sub Command1_Click()
    Dim i% ,n% ,ac% ,c As String * 1      'c 定义为长度是 1 的定长字符串变量
    n= Len(Text1)                          '计算输入字符串长度
    Text2= ""                              '清除 Text2,准备保存转换后的字符串
    For i= 1 To n
    c= Mid(Text1,i,1)                      '从输入字符串中取出一个字符
    If c > = "A"And c < = "Z"Or c > = "a"And c < = "z"Then   '如果取出字符是英文
                                                             字母,则执行转换
    m= Asc(c)+ 3                           '获得 ASCII 码并转换
        If m >  Asc("Z")And m <  Asc("a")Or m >  Asc("z")Then m= m-26
            c= Chr(m)                      '获得转换后的字符
        End If
    Text2= Text2 & c
    Next
End Sub
```

（6）按 F5 键运行工程，测试运行结果。

3. 案例小结

字符串加密通过 ASCII 码运算完成，主要使用到 Len（求字符串长度）、Mid（取子字符串）、Asc（求字符 ASCII 码）和 Chr（求 ASCII 码的字符）。在字符加密处理过程中，还应注意

考虑特殊情况的处理。

习　题　3

1. 选择题

(1)在 Visual Basic 中,常量 12# 的数据类型是(　　)。

A. 整型　　　　　　B. 长整型　　　　　　C. 双精度浮点型　　　　　　D. 字符串

(2)用于声明静态变量的关键字是(　　)。

A. Redim　　　　　B. Static　　　　　C. Public　　　　　D. Dim

(3)下列可作为 Visual Basic 的变量名的是(　　)。

A. int　　　　　B. Alpha　　　　　C. 4ABC　　　　　D. ABⅡ

(4)Dim b1,b2 as boolean 语句显式声明变量(　　)。

A. b1 和 b2 都为逻辑型变量

B. b1 是整型变量,b2 是逻辑型变量

C. b1 是变体型(可变型)变量,b2 是布尔型变量

D. b1 和 b2 都是变体型(可变型)变量

(5)下列表达式不合法的是(　　)。

A. 123+abc　　　　　　　　　　B. 123& " abc "

C. 1+2/3　　　　　　　　　　　D. [3 * (4+5)−6]/7

(6)表达式 25.28 Mod 10 的值是(　　)。

A. 1　　　　　B. 5　　　　　C. 4　　　　　D. 出错

(7)下面的运算符中,优先级别最高的是(　　)。

A. AND　　　　　B. *　　　　　C. >=　　　　　D. &

(8)表达式 2+3 * 4^5−Sin(X+1)/2 中最先进行的运算是(　　)。

A. 4^5　　　　　B. 3 * 4　　　　　C. x+1　　　　　D. Sin

(9)表达式 Fix(−23.87)+int(24.56)的值为(　　)。

A. −1　　　　　B. 0　　　　　C. 1　　　　　D. 2

(10)表达式 val(−17.8)+Abs(17.8)的值为(　　)。

A. 0　　　　　B. 0.8　　　　　C. −0.2　　　　　D. −34.8

(11)Strc=Mid(" Visual Basic ",10,3),则 Strc 的值为(　　)。

A. " Vis "　　　　　B. " sua "　　　　　C. " Bas "　　　　　D. " sic "

(12)若 x=5,y=6,则表达式 x+y=11 的值是(　　)。

A. x+y=11　　　　　B. 11　　　　　C. True　　　　　D. False

(13)如果 x 是一个正实数,对 x 的第二位小数四舍五入的表达式是(　　)。

A. 0.1 * Int(x+0.05)　　　　　　B. 0.1 * Int(10 * (x+0.05))

C. 0.1 * Int(100 * (x+0.5))　　　　D. 0.1 * Int(x+0.5)

(14)INT(100 * RND(1))产生的随机整数的闭区间是(　　)。

A. [0,99]　　　　　B. [1,100]　　　　　C. [0,100]　　　　　D. [1,99]

(15)执行语句 Print format(5459.478,"# #,# 0.00 "),正确的输出是(　　)。

A. 5459.48　　　　B. 5,459.48　　　　C. 5,459,478　　　　D. 5,459.47

2. 填空题

(1)逻辑常量值为 True 或_____。

(2)货币型数据小数点的位置是固定的,精确到小数点后_____位。

(3)双精度浮点型数用字母_____将尾数与指数分开。

(4)货币型数据的类型标识符为_____。

(5)在程序中使用日期型数据时,必须用符号_____将日期型数据括起来。

(6)表达式 15＋3 * 3/9 * 5\5 mod 10 的值是_____。

(7)表达式"12345"＜＞"12345"&"ABC"的值是_____。

(8)对于两个字符串,确定第二个字符串在第一个字符串中起始位置的函数是_____。

(9)假定当前日期为 2012 年 1 月 18 日,星期六,则执行语句 day(now)后,输出的结果是_____。

(10)下列程序用来将变量 X、Y 的值互换,请补充完程序。

    T＝Y:_____:X＝T

3.简述题

(1)Visual Basic 6.0 提供的基本数据类型主要有哪些?

(2)简述 Visual Basic 6.0 中变量的命名规则。

(3)Visual Basic 6.0 提供的运算符有哪些?

(4)简述表达式的书写规则及执行顺序。

(5)Visual Basic 6.0 提供的常用的内部函数有哪些?

4.操作题

利用字符函数完成 4 位整数的拆分,最终效果如图 3.8 所示。

【操作思路】

(1)验证文本框中输入的是否为 4 位整数(使用 Val 和 Len 函数);

(2)使用 Left、Mid 和 Right 函数。

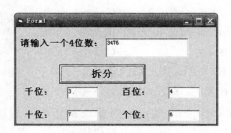

图 3.8　操作题效果图

第4章 Visual Basic 语言的基本控制结构

4.1 算法与结构化程序设计

4.1.1 算法概述

算法(Algorithm)是指为解决一个问题而采取的方法和步骤,或者说是解题步骤的精确描述。

在日常生活中,人们做任何事情都是按照一定的方法和步骤进行的。例如,如果要参加全国计算机等级考试,则需要经过报名、领取准考证、参加笔试和上机考试等几个步骤。也就是说,我们做任何事情或处理任何问题都必须先解决"算法"问题,也就是必须有解决问题的方法与步骤。当然,在本书中我们讨论的算法是计算机能实现的算法,故称为计算机算法,简称为算法。而程序就是用计算机语言把一个问题的算法描述出来的过程。

对同一个问题,可以有不同的解题方法与步骤。例如,计算 $1+2+3+\cdots+100$,就有许多种不同的方法。有人习惯先进行 $1+2$,加 3,再加 4,一直加到 100,得到最终结果 5050。而有的人习惯采取 $100+(99+1)+(98+2)+\cdots+(51+49)+50=100+50+49\times100=5050$ 的方法。显然,对心算者来说,后者比前者容易得出正确结果。当然还可以用其他求解的方法,例如,把奇数和偶数分别相加,再求和,即:$(1+3+5+\cdots+99)+(2+4+6+\cdots+100)$。在众多的算法中,人们往往希望采用好的算法,即方法简单、运算步骤少且能迅速得出正确结果的算法。因此,为了有效地求解问题,不仅需要保证算法正确,还要考虑算法的质量,这就需要选择合适的算法。

运用计算机解决问题,应包括设计算法和实现算法两个部分。设计算法只是先分析问题并根据进行的操作和步骤画出流程图,它本身并未付诸实施。只有在把算法转换成程序后,才能得到预期的效果。例如,作曲家创作了一首曲谱就是相当于设计了一个算法。而演奏者按照乐谱的规定演奏,就是实现算法。所以我们说设计算法的主要目的是实现算法。因此我们不但要考虑如何设计好一个算法,而且要考虑如何实现一个算法。用计算机解决问题时,根据事先设计好的算法写出程序,然后运行此程序就是实现算法,因为运行程序后能得到所需的结果。

计算机能实现的算法应具有以下特征。

(1)确定性:算法的每个步骤都应确切无误,没有歧义。

(2)可行性:算法的每个步骤必须是计算机能够有效执行、可以实现的,并可得到确定的结果。

(3)有穷性:一个算法应该在有限的时间和步骤内可以执行完毕。

(4)输入性:一个算法可以有零个或多个输入数据。

(5)输出性:一个算法必须有一个或多个输出结果。

实现算法的最终目的是求解问题,解即是问题的答案。答案一般是存放在计算机内存中的,人们是看不见的,因此我们还必须把答案从输出设备上输出,这中间可能输出一次,也可能输出多次。

4.1.2 结构化程序设计

程序就是用计算机语言编写的算法。一个结构化的程序就是用计算机语言表示的结构化算法。

结构化程序设计强调程序设计的风格和程序设计的规范化,提倡清晰的结构。怎样才能得到一个结构化的算法和结构化的程序呢? 如果是一个简单的问题,则可以如上一节介绍的那样很快地写出算法。如果面临的是一个复杂的问题,在较短的时间里,是难以写出一个层次分明、结构清晰、算法正确的程序的。必须通过认真分析、仔细琢磨、反复研究,才能得出一个较为理想的算法。结构化程序设计方法的基本思路是:需求分析、算法设计、编码、测试、运行。

具体来说,可以采取由上而下、逐步细化和问题模块化的方法来保证得到结构化算法。

人们在接受一个任务后会怎样着手进行工作呢? 一般有两种不同的方法:一种是由上而下,逐步细化;一种是由下而上,逐步积累。例如,在写作文时,大部分人在写之前,会先想好文章分为哪几大部分,然后再考虑每一大部分下分成哪几节,每一节分成哪几段,每一段应包括哪几个具体内容,如图 4.1 所示。

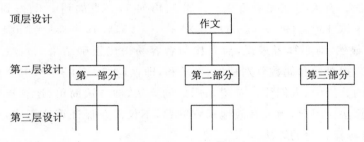

图 4.1 写作文结构图

用这种方法逐步细化,直到作者认为可以直接将各小段用文字语句表达为止。这种方法称为"由上而下,逐步细化"法。

而有的人写作文时不列提纲,想到哪里就写到哪里,直到他认为已将想写的内容都写出来为止。这种方法称为"由下而上,逐步积累"法。

通过比较,可以发现第一种方法考虑更周全,结构清晰,层次分明,容易写作,读者读起来也感觉条理清晰。如果发现某一部分中有内容需要修改时,只需找出该部分,修改有关段落即可,与其他部分无关,因而提倡用这种方法来设计算法。

程序设计者应当掌握由上而下、逐步细化的算法设计方法。这种方法的设计过程是将问题的求解由抽象逐步具体化的过程。例如,图 4.1 所示的写作文的过程。最开始拿到的题目是一个很抽象的任务,它还未具体化,我们将它作为顶层。经过分析之后,把它分成三大部分。这就比刚才具体一些了,这是第二层,但只有标题还不够具体,再依次细化为第三层、第四层……直到不需要细化为止。这么做,思路清楚,层次分明,可以有条不紊地一步一步地进行,既严谨又方便。

除了这种由上而下、逐步细化的方法之外,当处理较大的复杂问题时,常采取模块化的设计方法。即设计程序时不是把全部内容都放在同一个模块中,而是将其分成若干个子模块,每个子模块实现一个特定的功能。如果这些子模块的规模还是很大时,则可以再将该子模块划分为更小的子模块。在程序中往往用子程序来实现子模块的功能。子模块划分的过程常采用由上而下的方法来实现。模块化的思想实际上是"分而治之"的思想,把一个大任务分为若干个子任务,每一个部分作为一个独立的子模块,这些子模块又可划分为小子模块。例如,"计算平均成绩"这一子任务又可分解为"计算全班每个学生的平均成绩"和"计算每门课的平均成绩"两个子任务。如果决定对一个大型任务划分子模块,则划分子模块的过程是和逐步细化的过程一致的。

结构化程序设计的三个要素(由上而下、逐步细化、模块化)中,最核心的要素是"逐步细化"。结构化程序设计的方法是"方法论"的重要组成部分,这种从抽象到具体,从宏功能到子功能,从整体到细节的分解过程,以及最后逐一实现这些细节的整个过程,是非常科学的、具有严密的逻辑性的。逐步细化方法是由"程序设计目标"到完成源程序的正确途径,也就是说,用逐步细化方法才能从"提出任务"起一步一步地具体化,最后达到目的——写出源程序。结构化程序设计方法用于解决人脑思维的局限性和被处理问题的复杂性之间的矛盾。可以说,程序设计是人们思维活动的一面镜子。程序设计者的程序构思是否有条理,是否有逻辑性,是否经过规范训练,这些素质都会在程序中反映出来。

本章的内容是十分重要的,是学习以后各章的基础。过去有人认为,只要了解一点高级语言的语法就能进行程序设计了,这种看法是不正确的,至少是不全面的。正确的态度应该是:学习程序设计的目的不只是学习一种特定的语言,而是掌握程序设计的一般方法。计算机语言只是进行程序设计的工具。世界上计算机语言多达数千种,每一种语言又都在不断发展,程序设计者千万不能拘泥于一种具体的语言,而应当能举一反三。要做到举一反三,关键是掌握算法,因为算法是通用的。掌握了正确的算法,用任何语言进行编程都不会有太大的困难。

4.1.3　三种程序控制结构

在设计一个结构化的算法之后,还要进行结构化编码,即采用结构化的计算机语言来表示算法,所有结构化的语言都有直接实现三种基本结构的语句。结构化程序设计的三种基本控制结构就是:顺序结构、选择结构和循环结构。和其他传统的程序设计语言一样,Visual Basic 也有结构化程序设计的三种控制结构。这三种控制结构是程序设计的基础,将会在本章中逐一介绍。同时还将通过实例配合介绍程序设计中的常用算法,以达到事半功倍的效果。

4.2　顺序结构

顺序结构的特点是按照语句在程序中出现的顺序从上到下执行每一条语句,而且每条语句只能被执行一次,其流程图如图 4.2 所示。顺序结构是程序设计中最简单的一种结构。顺序结构的语句主要是赋值语句、输入/输出语句等。

【例 4.1】 编写一个学生成绩录入程序,界面如图 4.3 所示,并计算出学生的总分。

图 4.2　顺序结构流程图

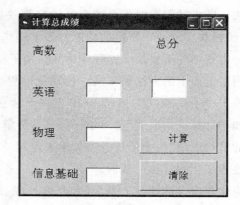

图 4.3　成绩录入界面

对象的属性值设置见表 4.1。

表 4.1　对象的属性值

对　　象	名称（Name）	属　性　值
窗体	Form1	Caption＝"计算总成绩"
标签	Label1	Caption＝"高数"
标签	Label2	Caption＝"英语"
标签	Label3	Caption＝"物理"
标签	Label4	Caption＝"信息基础"
标签	Label5	Caption＝"总分"
文本框	Text1	Text＝""
文本框	Text2	Text＝""
文本框	Text3	Text＝""
文本框	Text4	Text＝""
文本框	Text5	Text＝""
命令按钮	Command1	Caption＝"计算"
命令按钮	Command2	Caption＝"清除"

编写代码如下。

```
Private Sub Command1_Click()
    Text5= Val(Text1)+ Val(Text2)+ Val(Text3)+ Val(Text4)
End Sub


Private Sub Command2_Click()
    Text1= ""
    Text2= ""
    Text3= ""
    Text4= ""
    Text5= ""
    Text1.SetFocus
End Sub
```

运行程序,分别输入 80、67、90、87,单击"计算"按钮,就可以得到学生的总分。

4.2.1 常用基本语句——赋值语句

赋值语句是程序设计中的最基本的语句,赋值语句都是顺序执行的。赋值语句的形式如下。

变量名＝表达式

对象名.属性名＝属性值

赋值语句的作用是计算右边表达式的值,然后赋给左边的变量,表达式的类型应该与变量名的类型一致。

说明:

(1)若当表达式为数值型,且与变量的精度不同,则强制转换成左边变量的精度。

(2)若当表达式是数字字符串,左边变量是数值类型,则自动转换成数值类型再赋值,但当表达式为非数字字符串或空串时,系统提示出错。

(3)当变量为字符型时,表达式自动转换为字符类型。

(4)当将逻辑型数据赋值给数值型变量时,True 转换为－1,False 转换为 0;反之,非 0 转换为 True,0 转换为 False。

(5)赋值号左边的变量只能是变量,不能是常量、常数符号、表达式,否则报错。

(6)不能在一句赋值语句中同时给多个变量赋值。

(7)在条件表达式中出现的"＝"是等号,系统会根据"＝"的位置,自动判断它是否为赋值号。

4.2.2 输入/输出对话框

可以利用标签、文本框、图片框、窗体等控件来输出数据,文本框的 Text 属性还可以用来输入数据。除此之外,Visual Basic 还提供了几种输入和输出函数。

1. InputBox 函数

InputBox 函数提供一个简单的对话框供用户输入信息。当用户单击"确定"按钮或者按回车键后,函数返回输入的数据,返回值的类型是字符型。其函数形式如下。

x＝InputBox(prompt,title,default,xpos,ypos,helpfile,context)

其中:prompt 是提示的字符串,这个参数是必须的;title 是对话框的标题,是可选的;default 是文本框里的缺省值,也是可选的;xpos 和 ypos 决定输入框的位置,是对话框左上角在屏幕中的坐标;helpfile 和 context 用于显示与该框相关的帮助信息;返回值 x 将是用户在文本框里输入的数据,x 是一个字符串类型的值,如果用户单击了"取消"按钮,则 x 将为空字符串。

注意:各个参数必须一一对应,除了"prompt"一项不能省略外,其余各项均可省略,中间部分的逗号不可省略。

【例 4.2】 求圆面积,圆半径要求用 InputBox 函数输入,如图 4.4 所示。运行结果如图 4.5

所示。

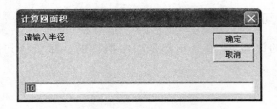

图 4.4　输入数据界面

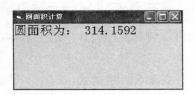

图 4.5　输出结果界面

编写代码如下。

```
Private Sub Form_Load()
    Show
    Const pi As Single= 3.1415926
    Dim r As Single,s As Single
    r= Val(InputBox("请输入半径","计算圆面积",10)) '此函数的作用如图 4.4所示
    FontSize= 18
    s= pi *  r ^ 2
    Print"圆面积为:"+ Str(s)
End Sub
```

2. MsgBox 函数

Windows 用户都知道,当用户操作错误时,应用程序往往会弹出一个消息框来提示用户的错误,例如:

```
Dim Action As Integer
Action=  MsgBox ( "单击确定键将引爆此计算机!", vbYesNo +  vbCritical +
vbDefaultButton2,"警告!")
If Action= 6 Then Explode
```

这个功能在 Visual Basic 里是通过 MsgBox 函数来实现的,该函数的功能是打开一个消息对话框,等待用户选择一个按钮。

MsgBox 函数形式为:

　　　　x＝MsgBox(msg,type,title)

MsgBox 过程形式为:

　　　　MsgBox(msg,type,title)

其中,msg 是消息的提示内容,是一个字符型表达式;type 及 title 参数是可以省略的,type 参数指定显示的按钮是什么及使用什么样的图标,title 参数指定消息框的标题,具体如表 4.2所示。

例如:Action＝MsgBox(" Are you girl ",vbYesNo＋vbQuestion " Question ")。使用这个函数时 Visual Basic 将产生一个标题为 Question,具有问号和 Yes、No 按钮的消息对话框。作为一个函数,本质上还是要返回值的,MsgBox 函数的返回值确定了用户的选择,程序可根据返回值做出相应的动作。

表 4.2 "按钮"设置值及其意义

分　组	内 部 常 数	按钮值	描　　述
按钮数目	VbOkOnly	0	显示"确定"按钮
	VbOkCancel	1	显示"确定"、"取消"按钮
	VbAbortRetryIgnore	2	显示"终止"、"重试"、"忽略"按钮
	VbYesNoCancel	3	显示"是"、"否"、"取消"按钮
	VbYesNo	4	显示"是"、"否"按钮
	VbRetryCancel	5	显示"重试"、"取消"按钮
图标类型	VbCritical	16	关键信息图标
	VbQuestion	32	询问信息图标
	VbExclamation	48	警告信息图标
	VbInformation	64	信息图标
默认按钮	VbDefaultButton1	0	设置第一个按钮是默认按钮
	VbDefaultButton2	256	设置第二个按钮是默认按钮
	VbDefaultButton3	512	设置第三个按钮是默认按钮

例如：上面的 Action＝MsgBox("单击确定键将引爆此计算机！",vbYesNo＋vbCritical＋vbDefaultButton2,"警告！")执行后界面如图 4.6 所示,action 的值是用户选择"是"或"否"按钮对应的值。

说明：内部常数和按钮都可以使用,前者直观,后者输入简单。

表 4.2 中按钮数目、图标类型和默认按钮可相加结合使用,可使消息对话框界面不同,写作：1＋16＋256、273、vbYesNo＋272、17＋vbDefaultButton2,它们的效果相同。

MsgBox 函数的返回值是一个整数,可以用内部常数或返回值表示,代表用户所选的按钮,参见表 4.3。

表 4.3 MsgBox 函数所选按钮返回值

内 部 常 数	返　回　值	选中的按钮
vbOk	1	确定
vbCancel	2	取消
vbAbort	3	终止
vbRetry	4	重试
vbIgnore	5	忽略
vbYes	6	是
vbNo	7	否

【例 4.3】 求圆面积,圆半径要求用 InputBox 函数输入,圆面积用 MsgBox 输出。编写代码如下。

```
Private Sub Command1_Click()
        Dim a!,L!,S!
        a= InputBox("请输入半径:","输入",20,200,200)
        L= 2 * a * 3.14
        S= 3.14 * a * a
        MsgBox"圆的周长为:"+ Str(L)+ Chr(13)+ Chr(13)+ "圆的面积为:"+ Str(S),
        vbOKOnly,"计算结果"
        End Sub
```

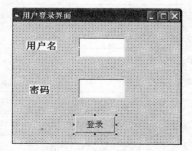

图 4.6 用户登录界面

【例 4.4】 编写一个如图 4.6 所示的用户登录界面，对输入的账号和密码做如下校验。

要求用户名不能超过 6 个字符，密码是 6 位字符，输入的密码以"＊"显示，单击"登录"按钮表示输入结果。假设用户名是"admins"，密码假设为"123456"。如果输入的密码错误，则弹出提示信息，单击"重试"按钮则允许再次输入；单击"取消"按钮则结束程序。

1)程序界面设计

新建工程，在窗体上添加标签、文本框和命令按钮，界面如图 4.6 所示，属性设置如表 4.4 所示。

表 4.4 程序中对象属性设置

对 象	名称（Name）	属 性
窗体	Form1	Caption＝"用户登录界面"
标签	Label1	Caption＝"用户名"；字体为黑体、小二号
标签	Label2	Caption＝"密码"；字体为黑体、小二号
文本框	Text1	Text＝""
文本框	Text2	Text＝""
命令按钮	Command1	Caption＝"登录"
命令按钮	Command2	Caption＝"取消"

2)程序设计

```
Private Sub Form_Load()
    user= "admins"
    Text1.MaxLength= 6
    Text2.MaxLength= 6
    Text2.PasswordChar= "* "
End Sub

Private Sub Text1_LostFocus()
    If Not IsNumeric(Text1)Then
    MsgBox"账号有非数字字符"
    Text1.Text= ""
    Text1.SetFocus
```

```
        End If
    End Sub

    Private Sub Command1_Click()
        Dim I As Integer
        If Text2.Text < > "123456"Then
            I= MsgBox("密码错误",5+ vbExclamation,"输入密码")
            If I= 2 Then
                End
            Else
                Text2.Text= ""
                Text2.SetFocus
            End If
        End If
    End Sub
```

3. Print **方法和** Cls **方法**

1）Print 方法

Print 方法的语法如下。

对象名. Print［**定位函数**］［＜**表达式列表**＞］［，|；］

Print 作用的对象可以是窗体、图片框、打印机等，如果省略对象名，默认是在窗体上输出。表达式列表是要输出的内容，允许多项数据的输出，在数据间可以加入"，"或"；"。加入分号表示是按照紧凑格式输出，而加入逗号表示按照标准格式输出，每项数据占一个打印区，每个打印区占 14 个字符的宽度。每执行一次 Print 语句就要自动换行。如果不同的 Print 语句想要在同一行上输出，要在上一个 Print 后面加上"，"或"；"。

（1）Tab 函数　Tab 函数与 Print 函数配合使用，来定位打印位置。其格式为：

Tab(n)

其中 n 是要显示或打印开始的位置。例如：

Print Tab(6);"学号"; Tab(15);"姓名"

表示从第 6 个字符位置开始输出"学号"，在第 15 个字符位置输出"姓名"。

（2）Spc 函数　Spc 函数用于在输出时插入空格。其格式为：

Spc(n)

其中 n 是要插入的空格数量。例如：

Print Tab(6);"学号";Spc(15);"姓名"

表示从第 6 个字符位置开始输出"学号"，然后跳过 15 个空格，输出"姓名"。

说明：一般 Print 方法在 form_load 事件过程中无效，因为 AutoRedraw 属性默认为 False，若设计窗体时在属性窗口将 AutoRedraw 属性设置为 True，就能正常显示，或者在 Load 事件中先使用 Show 方法也行。

2）Cls 方法

Cls 方法的作用是清除绘图语句和 Print 语句产生的文字和图形。其格式为：

对象名. Cls

其中,对象可以是 Form 或 PictureBox。如果省略对象名,就是默认为当前窗体。

4.3 选择(分支)结构

选择结构是计算机科学用来描述自然界和社会生活中分支现象的重要手段。其特点是:根据所给定的条件成立与否,来决定从各种实际可能的不同分支中选择执行某一分支的相应操作。在 Visual Basic 中提供的用来实现选择结构的语句主要有 If 和 Select Case。

4.3.1 单分支 If...Then 语句

格式1:

If <表达式> **Then** <语句块>

格式2:

If <表达式> **Then**

　　<语句块>

End If

功能:条件成立执行语句,否则执行下一语句(流程图如图 4.7 所示);格式 1 中语句必须在同一行内写完,后面不用加 End If 语句。

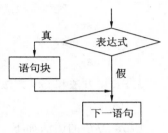

图 4.7　If 结构流程图

说明:

(1)表达式:可以是关系表达式、算术表达式。当为算术表达式时,结果为非零,则为 True;结果为零,则为 False。

(2)语句块中可以有多条语句,格式 1 中的多条语句应该写在同一行,中间用冒号隔开。

【例 4.5】 编写一段程序,输入 x,求下列分段函数 f(x)值。用 InputBox 输入 x,计算结果 f(x)输出到 Text 控件。

$$f(x) = \begin{cases} 1-x^2 & x \leqslant 5 \\ 2x-1 & x > 5 \end{cases}$$

编制事件过程 Command1_Click 如下。

```
Private Sub Command1_Click()
    Dim x as Single
    x= Val(InputBox("输入 x","计算分段函数的值"))
    If x < = 5 Then Text1.Text= Str(1-x * x)
    Text1.Text= Str((x-5)^ 0.25)
End Sub
```

【例 4.6】 编写一段程序,输入 x、y,比较它们的大小,当 x<y 时交换 x、y 值,然后输出 x、y 的值(要求在 Text 控件输入,输出到 Label 控件)。

建立文本框控件 Text1、Text2,标签控件 Label1,并更改它们的属性。

编制事件过程 Form_Click 如下(单击窗体响应)。

```
Private Sub Form_Click()
    Dim x as Single,y as Single,Temp as Single
    '文本框 Text1、Text2 中应已输入相应数值,再赋值到变量 x、y
    x= Text1.Text
```

```
        y= Text2.Text
        '当 x< y 时,交换两个变量的值
        If x <  y Then Temp= y:y= x:x= Temp
        Label1.Caption= "x= "+ str(x)+ "y= "+ str(y)
    End Sub
```

思考:如果要比较三个数的大小应该怎么编写程序?

4.3.2 双分支结构 If...Then...Else 语句

格式 1:

If <**表达式 1**> **Then** <**语句 1**> [**Else** <**语句 2**>]

格式 2:

If <**表达式 1**> **Then**

<**语句 1**>

[**Else**

<**语句 2**>]

End If

其中:语句 1、语句 2 可以是多条 Visual Basic 可执行语句或选择结构、循环结构。

功能:当表达式的值为 True 时双分支的 If 语句执行 Then 后面的语句,否则执行 Else 后面的语句。其流程如图 4.8 所示。

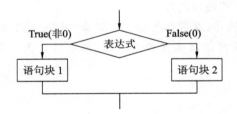

图 4.8 If...Else 语句流程图

【例 4.7】 用双分支语句来计算例 4.5 中的分段函数。

编制事件过程 Command1_Click 如下。

```
    Private Sub Command1_Click()
        Dim x as Single
        x= Val(InputBox("输入 x","计算分段函数的值"))
        If x < = 5 Then
            Text1.Text= Str(1-x *  x)
        Else
        Text1.Text= Str((x-5)^ 0.25)
    End Sub
```

【例 4.8】 输入一元二次方程 $ax^2+bx+c=0$ 的系数 a、b、c,计算并输出该方程的根,用 InputBox 函数输入系数,计算结果在文本框 Text1 中显示(求根时要考虑到无实根、两个相等的实根,两个不等实根的情况)。

界面设计略,过程设计如下。

```
Private Sub Form_Click()
   Dim a As Single,b As Single,c As Single,d As Single
   Dim x1 As Single,x2 As Single
   a= InputBox("输入二次项系数 a","解一元二次方程")
   b= InputBox("输入一次项系数 b","解一元二次方程")
   c= InputBox("输入常数项系数 c","解一元二次方程")
   d= b * b-4 * a * c
   If d > = 0 then
     x1= (-b+ sqr(d()/ 2 / a
     x2= (-b-sqr(d()/ 2 / a
     Text1.Text= "x1= "+ str(x1)+ "x2= "+ str(x2)
   Else
     'x1 保存解的实部系数,x2 保存解的虚部系数。
     x1= -b /(2 *  a)
     x2= sqr(-d)/(2 *  a)
     Text1.Text= "x1= "+ Str(x1)+ "+ "+ Str(Abs(x2))+ "i"+ _
        Chr(13)+ Chr(10)'上一行最后的字符"_"表示本行是上一行的续行
        Text1.Text= Text1.Text+ "x2= "+ Str(x1)+ "-"+ _
           Str(Abs(x2))+ "i"
   End If
End Sub
```

本例全面考虑了实根、复根的情况,即当 $d \geqslant 0$ 时求实根,当 $d < 0$ 时求复根(复根表示成"实部"+"±"+"虚部"+"i"的形式)。

【例 4.9】 编写一个程序,在窗体上输出字符串"欢迎使用 Visual Basic"。第一次单击时以黑体显示;第二次单击时以楷体显示;第三次单击时以隶书显示;第四次单击则清除窗体上的信息。

界面设计略。

过程设计如下。

```
Dim nflag As Integer          '在通用对象声明部分声明变量
Dim smystring As String
Private Sub Form_Click()      '根据 nflag 的值,决定以何种字体显示或清除
   If nflag= 1 Then
      Form1.FontName= "黑体"
      Print smystring
      nflag= nflag+ 1         'nflag 的值增 1,以便下次单击窗体时以楷体显示
   Else
      If nflag= 2 Then
         Form1.FontName= "楷体_GB2312"
         Print smystring
         nflag= nflag+ 1
```

```
            Else
                If nflag= 3 Then
                    Form1.FontName= "隶书"
                    Print smystring
                    nflag= nflag+ 1
                Else
                    Cls                    '清屏
                    nflag= 1               '重新设置 nflag 为 1
                End If

            End If
        End If
    End Sub

    Private Sub Form_Load()              '设置变量的初始值
        nflag= 1
        smystring= "欢迎使用 Visual Basic"
        Form1.FontSize= 18
    End Sub
```

程序运行时清屏前的输出结果如图 4.9 所示。

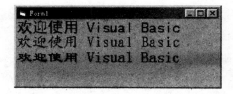

图 4.9　程序运行时清屏前的输出结果

If...Then...Else 结构的语句 1 或语句 2 中包含 If 语句,在使用过程中必须注意每一个 If 与 End If 的对应关系。

例 4.9 中 If...Then...Else 结构也可以写作如下形式。

```
    If nflag= 1 Then
        Form1.FontName= "黑体"
        Print smystring:nflag= nflag+ 1
    ElseIf nflag= 2 Then
        Form1.FontName= "楷体_GB2312"
        Print smystring:nflag= nflag+ 1
    ElseIf nflag= 3 Then
        Form1.FontName= "隶书"
        Print smystring:nflag= nflag+ 1
    Else
        Cls:nflag= 1
    End If
```

4.3.3 IIf 函数

Visual Basic 还提供了一个条件函数——IIf 函数。它可用来执行简单的条件判断操作,是"If...Then...Else"结构的简写版本,适合用于一些简单条件的判断。

IIf 函数的格式如下。

IIf(条件表达式,表达式为 True 时的值,表达式为 False 时的值)

功能:先判断条件表达式的值,当条件表达式为 True 时,IIf 函数返回"表达式为 True 时的值",而当条件表达式为 False 时返回"表达式为 False 时的值"。"表达式为 True 时的值"或"表达式为 False 时的值"可以是表达式、变量或其他函数。

说明:

(1)IIf 函数中的三个参数都不能省略,并且要求"表达式为 True 时的值"、"表达式为 False 时的值"及结果变量的类型一致。

(2)由于 IIf 要计算"表达式为 True 时的值"和"表达式为 False 时的值",因此有可能带来预想不到的结果。例如,如果 False 部分存在被零除的问题,则程序将会出错。

【例 4.10】 将例 4.5 中的分段函数

$$f(x) = \begin{cases} 1-x^2 & x \leqslant 5 \\ 2x-1 & x > 5 \end{cases}$$

改用 IIf 函数实现。

代码如下:

```
y= Iff(x> 5,2* x-1,1-x^2)
```

等价于:

```
If x> 5 then y= 2* x-1 else y= 1-x^2
```

4.3.4 多分支结构 If...Then...ElseIf 语句

格式: **If <表达式 1> Then**

        <语句 1>

      [ElseIf <表达式 2> Then

        <语句 2>]

      [ElseIf <表达式 3> Then

        <语句 3>]

        ...

      [Else

        <语句 n>]

      End If

功能:这种 If 语句只在表达式 1 为 False 的时候才进行新的判断,先判断表达式 1,然后是表达式 2……当其中某个表达式为 True 时,则执行该表达式下的语句,并结束整个结构。如果所有表达式均为 False,则执行 Else 后面的语句 n。

If...Then...ElseIf 流程图如图 4.10 所示。

【例 4.11】 假如我们把学生的百分制成绩 grade 转换成五分制,即分成等级优(grade ≥90)、良(80≤grade<90)、中(70≤grade<80)、及格(60≤grade<70)、不及格(grade<

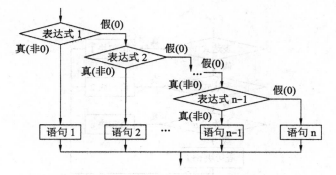

图 4.10 If...Then...ElseIf 流程图

60),根据 grade 的值在屏幕上显示相应的等级,可用以下语句描述。

```
Dim grade As Single
    grade= InputBox("输入学生的成绩:","输入框")
    If grade > = 90 Then
        Print"恭喜你,你的成绩是优!"
    ElseIf grade > = 80 Then
        Print"恭喜你,你的成绩是良!"
    ElseIf grade > = 70 Then
        Print"恭喜你,你的成绩是中等!"
    ElseIf grade > = 60 Then
        Print"恭喜你,你的成绩是及格!"
    Else
        Print"很抱歉,你的成绩是不及格!"
End If
```

4.3.5 多分支语句 Select Case(情况选择语句)

情况选择结构用于多路选择,根据取整数值的表达式或字符串表达式的不同取值决定执行该结构的哪一个分支。情况选择结构格式如下,其流程图如图 4.11 所示。

Select Case <表达式或变量>
[Case <表达式列表 1>
　　　[<语句块 1>]]
[Case <表达式列表 2>
　　　[<语句块 2>]]
　　　　　...
[Case Else
　　　[<语句块 n+1>]]
End Select

说明:

(1)表达式:可以为数值表达式或字符串表达式,如果为变量的话,只能写一个变量。

(2)表达式列表:可以是单个表达式(单值),也可以是"表达式 To 表达式"的形式(多值),或用符号"Is"表示测试表达式的值与其他表达式的比较关系。

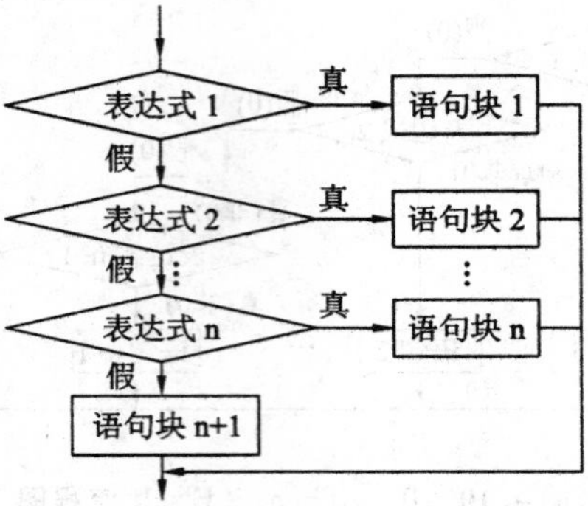

图 4.11 Select Case 嵌套语句的流程图

例如：case 1 to 10 '表示表达式的值在 1~10 的范围内,包括 1 和 10

case 2,3,5,Is >7 '表示表达式的值为 2、3、5 或大于 7

(3)执行流程如下:自上而下顺序地判断测试表达式的值与表达式列表中的哪一个匹配,如果有匹配的则执行相应语句块,然后转到 End Select 的下一语句;若所有的值都不匹配,则执行 Case Else 所对应的语句块,如果省略 Case Else,则直接转移到 End Select 的下一语句。

【例 4.12】 将例 4.8 改用 Select Case 语句实现。

```
Dim grade As Single
grade= InputBox("输入学生的成绩:","输入框")
Select Case grade
Case Is > = 90
    Print"恭喜你,你的成绩是优!"
Case Is > = 80
    Print"恭喜你,你的成绩是良!"
Case Is > = 70
    Print"恭喜你,你的成绩是中等!"
Case Is > = 60
    Print"恭喜你,你的成绩是及格!"
Case Else
    Print"很抱歉,你的成绩是不及格!"
End Select
```

【例 4.13】 输入年、月份,输出该月天数,计算 y 年是否为闰年的条件如下。

```
y Mod 4= 0 And y Mod 100< > 0 Or y Mod 400= 0
```

界面设计略,过程设计如下。

```
Private Sub Form_Click()
    Dim y As Integer,mAs Integer,d As Integer
    y= InputBox("输入年份","输入数据")
    m= InputBox("输入月份","输入数据")
    Select Case m
    Case 1,3,5,7,8,10,12              '7,8也可以写作 7 To 8
        d= 31
```

```
            Case 4,6,9,11
               d= 30
            Case 2
               If y Mod 4= 0 And y Mod 100 < > 0 Or y Mod 400= 0 Then
                  d= 29
               Else
                  d= 28
               End If
         End Select
         Print y;"年"; m;"月"; d;"天"
      End Sub
```

【例 4.14】 分析以下程序,理解情况选择结构的执行流程(当程序运行时,先后输入 3、—1、4 和 125,查看在 Label1 上的信息分别是什么)。

界面设计略,过程设计如下。

```
      Private Sub Form_Click()
         Dim a As Integer,w As Integer
         a= Val(InputBox("输入 a",""))
         Select Case a Mod 5
            Case Is < 4
               w= a+ 10
            Case Is < 2
               w= a * 2
            Case Else
               w= a-10
         End Select
         Label1.Caption= "w= "& Str(w)
      End Sub
```

例 4.14 中,Select 结构内的"Is",表示表达式 a Mod 5 的值。

4.3.6 选择结构的嵌套

If 语句的嵌套是指 If 或 Else 后面的语句中又包含了一个或多个 If 语句。下面是常见的双分支结构中嵌套 If 结构的形式。

(1)　　**If <表达式 1> Then**

　　　…

　　　If <表达式 11> Then

　　　…

　　　End If

　　…

　　Else

　　　…

　　End If

(2)　　**If <表达式 1> Then**

```
        …
    Else
        …
    If <表达式 11> Then
        …
    End If
        …
    End If
```

图 4.12 所示为 If 嵌套语句的流程图。

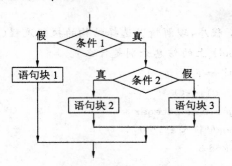

图 4.12　If 嵌套语句的流程图

4.4　循环结构

循环是指在程序设计中,从某处开始重复执行某一程序块的现象,被重复执行的程序块称为"循环体"。Visual Basic 提供的设计循环结构的语句有:For、Do、While 等。

4.4.1　For 循环

格式:**For** <循环变量 I>=<初值> **To** <终值> [**Step** <步长>]
　　　　循环体
　Next <循环变量 I>

For 循环结构流程图如图 4.13 所示。

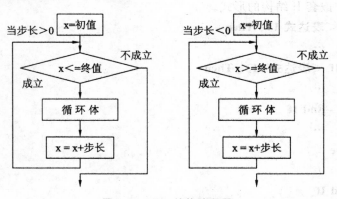

图 4.13　For 结构流程图

【例 4.15】　计算 1～100 之间奇数和。

程序编写如下。

```
For n% = 1 to 99 step 2
    s= s+ n%
Next n%
```

也可以写为如下形式。

```
For n% = 99 to 1 step-2:s= s+ n% :Next n%
```

在 For 循环中,有以下特点。

(1)步长可以省略,省略时默认为 1。

(2)循环变量取值不合理,则不执行循环体。如下列循环结构一次也不执行。

```
For n% = 99 to 1 step 2
    s= s+ n%
Next n%
```

(3)循环体中可以出现语句"Exit For",则退出 For 循环,程序转移到执行 Next 后一语句。

(4)循环正常结束(未执行 Exit For 等控制语句)后,控制变量为最后一次取值加步长。

【例 4.16】 求 $1+2+\cdots+100$ 的值。

设两个变量 y 和 i,y 的初始值为 0,让 i 从 1 变化到 100,每次变化的值都累加到 y 中,即 $y=y+i$。可以编写出如下程序段。

```
y= 0
For i= 1 To 10
    y= y+ i
Next i
```

【例 4.17】 求下列表达式的值。

$$1-\frac{1}{2}+\frac{1}{3}-\frac{1}{4}+\cdots+(-1)^{n-1}\frac{1}{n}$$

编程分析:多项式求和的问题实际是一个逐步累加的过程。多项式中的每一项的分母有规律地从 1 变化到 n,每一项的符号也是有规律地正负变化,可以用一个变量来表示符号位。

界面设计略,过程设计如下。

```
Private Sub Command1_Click()
    Dim fh As Integer,y As Double,n As Integer,i%
    n= InputBox("输入 n","")
    y= 1:fh= 1
    For i= 2 To n
        fh= -fh
        y= y+ fh / i
    Next i
    Print y
End Sub
```

【例 4.18】 找出一个在 1~1 000 中被 7 除余 5、被 5 除余 3、被 3 除余 2 的数。

界面设计略,过程设计如下。

```
Private Sub Form_Click()
    Dim i as interger
    For i= 5 To 1000 Step 7
        If i Mod 5= 3 And i Mod 3= 2 Then Exit For
    Next i
    If i < = 1000 Then Print i
End Sub
```

思考:如果需要将1~1 000中所有满足条件的数打印出来,分析该如何修改程序。

【例 4.19】 输入 n 个数,输出其中的最大值。

界面设计略,过程设计如下。

```
Private Sub Command1_Click()
    Dim n As Integer,x As Single,max As Single
    n= InputBox("请输入数据个数:","")
    For i% = 1 To n
        x= InputBox("请输入第"+ str(i% )+ "个数:","")
        if i% = 1 then
            max= x
        Else
            If x >  max Then max= x
        End If
    Next i%
    Print max
End Sub
```

4.4.2 Do 循环

格式1:

Do [{**While**|**Until**}<条件>]   '先判断条件,后执行循环体

    循环体

  Loop

格式2:

Do   '先执行循环体,后判断条件

    循环体

  Loop [{**While**|**Until**}<条件>]

说明:

(1)选项"While"当条件为 True 时执行循环体,选项"Until"当条件为 False 时执行循环体。格式1中先判断条件,后执行循环体,有可能一次也不执行循环体。格式2是先执行循环体,后判断条件,最少执行一次循环体。

(2)循环体中可以出现语句"Exit Do",将控制转移到 Do...Loop 结构后一语句。

【例4.20】 用前面学过的四种格式的 Do...Loop 循环输出 1～100 的平方和,看看它们有何区别。

(1)Do While...Loop 格式

```
s% = 0:i% = 1
    Do While i < = 100
    s= s+ i * i
    i= i+ 1
Loop
Print s
```

(2)Do Until...Loop 格式

```
s% = 0:i% = 1
    Do Until i > 100
        s= s+ i * i
        i= i+ 1
    Loop
    Print s
```

(3)Do...Loop While 格式

```
s% = 0:i% = 1
Do
    s= s+ i * i
    i= i+ 1
Loop While i < = 100
Print s
```

(4)Do...Loop Until 格式

```
s% = 0:i% = 1
    Do
        s= s+ i * i
        i= i+ 1
    Loop Until i > 100
    Print s
```

【例4.21】 判断输入的任意正整数是否为素数。

【编程思路】 文本框控件 Text1 用于输入,命令按钮 Command1 的 Caption 属性值为"判断是否为素数",命令按钮 Command2 的 Caption 属性值为"结束程序",文本框控件 Text2 用于输出判断结果。

只能被 1 和它自身整除的数称为素数。若 n 不能被 2 至 n-1 的任何一个数整除,则 n 就是素数。更进一步说,如果 n 不能被 2 至 Sqr(n)中的任何一个数整除,则 n 就是素数。

例如,对于 23,只要被 2、3、4 除即可,这是因为:如果 n 能被某一个整数整除,则可表示为 n=a*b。a 和 b 之中必然有一个小于或等于 Sqr(n)。判断 n 是否为素数的过程就是拿 2 至 Sqr(n)中的每一个数依次去整除 n 的过程,如果其中有一个数能够整除 n,则 n 肯定不是素数。

界面设计略,过程设计如下。

```
Private Sub Command1_Click()
    Dim n As Integer
    n= Val(Text1.Text)
    If n= 2 Or n= 3 Then
        Text2.Text= Text1.Text+ "是素数"
    Else
    For i% = 2 To Sqr(n)
        If n mod i% = 0 Then Exit For
    Next i%
    If i% > Sqr(n)Then
        Text2.Text= Text1.Text+ "是素数"
    Else
        Text2.Text= Text1.Text+ "不是素数"
    End If
    End If
End Sub
```

65

```
Private Sub Command2_click()
    End
End Sub
```

分析:如果判断素数的程序段改成用 Do...Loop 语句实现,则上述程序应该如何修改? 请读者自行分析完成。

4.4.3　While 循环

For 循环用于循环次数已知的循环,但在实际应用中,经常遇到一些循环次数未知的情况,需要通过条件判断来决定是否执行循环。While 循环就是通过对条件进行判断,如果条件为 True,则执行循环体;如果条件为 False,则结束循环。

格式:　　**While ＜条件＞**

　　　　　　循环体

　　　　　Wend

功能:当条件为真(True)时执行循环体。

While 循环的特点是:先判断条件,后执行循环体,常用于编制某些循环次数预先未知的程序。

【例 4.22】　输入 m,求 n 的最大值,使得 n!≤m<(n+1)!。

界面设计略,过程设计如下。

```
Private Sub Form_Click()
    Dim fact As Single
    fact= 1
    n% = 2
    m% = InputBox("输入 m","")
    While fact < = m%
        fact= fact * n%
        n% = n% + 1
    Wend
    Print n% -2
End Sub
```

程序分析:假设程序运行时输入 10,即 m％＝10。则随着循环的进行,各变量值的变化情况如下。

初始值:fact＝1、n％＝2、m％＝10。

第一次循环:循环条件(1 ＜＝10)成立,fact 变为 2、n％变为 3。

第二次循环:循环条件(2 ＜＝10)成立,fact 变为 6、n％变为 4。

第三次循环:循环条件(6 ＜＝10)成立,fact 变为 24、n％变为 5。

再次判断循环条件(24 ＜＝10)不成立,结束循环,最终 fact＝24、n％＝5。

分析程序时,通过代入 m 值,对与循环有关的变量列表,追踪它们值的变化,可确定应输出 n％－2。读者要逐渐掌握用列表写出程序输出结果的方法。

4.4.4 循环嵌套

通常把循环体内不包含循环语句的循环叫做单层循环,而在循环体内含有循环语句的循环称为多重循环,也就是循环结构的完全嵌套。在多重循环中,内层循环的控制变量一般与外层循环的控制变量不同名。有关多重循环的规则,在此不赘述,请看例4.23。

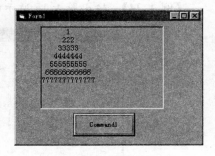

【例4.23】 编写一段程序,运行时单击命令按钮后,输入n(n<10),然后在图片框内输出如图4.14所示的n层数字组成的金字塔(图4.14中所示是输入n=7的结果)。

图 4.14 输出结果

代码设计如下。

```
Private Sub Command1_Click()
  Dim i As Byte,j As Byte,n As Byte
  Do          '该循环控制所输入 n 必须在给定范围内。
    n= InputBox("n= ","输入 1-9 之间的整数")
  Loop While n< 1 Or n> 9
  For i= 1 To n
    Picture1.Print Tab(n-i+ 1);'设置该行输出的起始位置
    For j= 1 To 2 *  i-1
       '数值转换为字符串后,正号转换为空格,函数 Trim 去除参数 Str(i)串两端的空格
       Picture1.Print Trim(Str(i));
    Next j
  Next i
End Sub
```

打印由多行组成的图案,通常采用双重循环,外层循环用于控制行数,内层循环用于输出每一行的信息。

程序中利用 Tab 函数设置每一行显示的起始位置。通过简单分析可知:每行的字符个数与行序 i 的关系为 $2*i-1$。

说明:
(1)内循环控制变量和外循环控制变量不能同名。
(2)利用 Goto 语句可以跳出循环。
(3)内循环和外循环不能交叉,例如下面程序是错误的。

```
For i= 1 to 10
    For j= 1 to 10
      ...
    Next   i
Next j
```

4.5 应用程序举例

【例4.24】 输出图4.15所示的乘法口诀表。

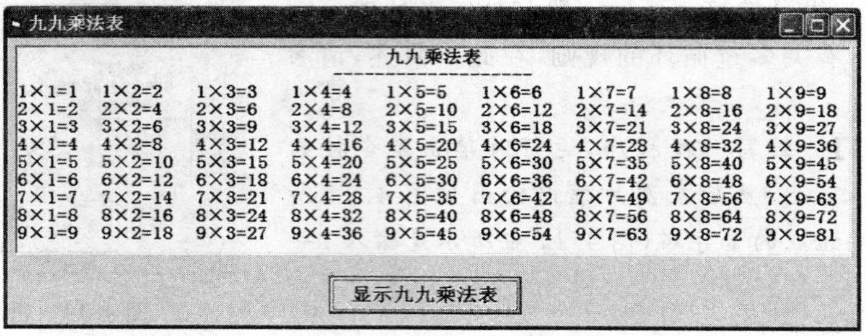

图 4.15   乘法口诀表

```
Private Sub Command1_Click()
  Picture1.Print Spc(35);"九九乘法表"
  Picture1.Print Spc(30);"------------------"
  For i= 1 To 9
    For j= 1 To 9
      se= i &"×"& j &"= "& i * j
      Picture1.Print Tab((j-1)* 9); se;
    Next j
    Picture1.Print
  Next i
```

如果显示成图4.16和图4.17所示的乘法表,程序该如何修改?

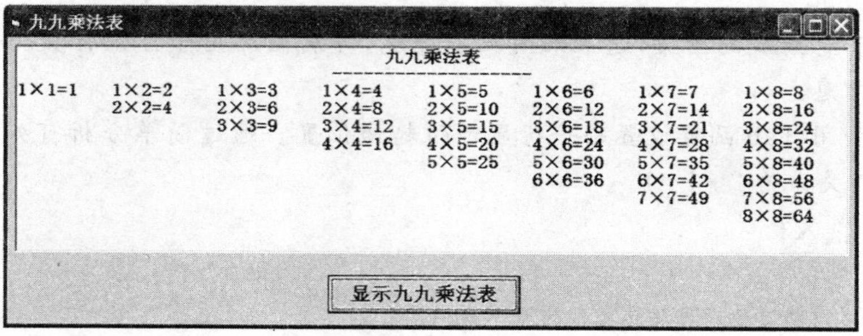

图 4.16   上三角乘法表

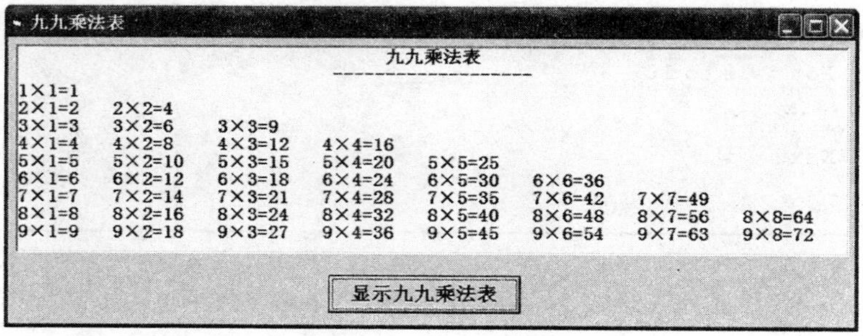

图 4.17   下三角乘法表

【例 4.25】 我国古代数学家在《算经》中出了一道题："鸡翁一,值钱五;鸡母一,值钱三;鸡雏三,值钱一。百钱买百鸡,问鸡翁、母、雏各几何?"

这道题可理解为:公鸡每只 5 元,母鸡每只 3 元,小鸡 3 只 1 元。用 100 元钱买 100 只鸡,问:公鸡、母鸡、小鸡各多少只?

计算机中处理此类问题,通常采用穷举法。所谓穷举法就是将各种可能性一一考虑到,将符合条件的输出即可。

设公鸡有 x 只、母鸡 y 只、小鸡 z 只。显然有很多种 x、y、z 的组合。

我们先令 x 为 0,y 为 0,而 z＝100－x－y,看这一组的价钱加起来是否为 100 元,显然不是,所以这一组不可取。再保持 x＝0,y 变为 1,z＝99……直到 x＝100,y 再由 0 变化到 100。这样就把全部组合测试了一遍。

按照这样的思想,编出程序如下(界面设计略)。

```
Private Sub Form_Click()
    Dim x As Integer, y As Integer, z As Integer
    For x= 0 To 100
        For y= 0 To 100
            z= 100- x- y
            If 5 *  x+3 *  y+z / 3= 100 Then Print x,y,z
        Next y
    Next x
End Sub
```

这个程序无疑是正确的。但实际上不需要使 x 由 0 变到 100,也不需要使 y 由 0 变到 100。因为公鸡每只 5 元,100 元钱最多买 20 只公鸡,母鸡同样也不能买 100 只。思考一下:如何修改上面的程序?

【例 4.26】 输出 2～1000 内的素数每行输出 10 个。

界面设计略,过程设计如下。

```
Private Sub Form_Click()
    Print Spc(5); LTrim(Str(2)); Spc(5); LTrim(Str(3));
    k% = 2
    For i% = 5 To 997 Step 2              '大于 2 的偶数显然不是素数
        For j% = 3 To Sqr(i% )Step 2
            If i%  Mod j% = 0 Then Exit For
        Next j%
        If j%  >  Sqr(i% )Then
            Print Spc(6-Len(LTrim(i% ))); LTrim(Str(i% ));'输出按列右对齐
            k% = k% + 1                          '计数
            If k%  Mod 10= 0 Then Print           '换行
        End If
    Next i%
End Sub
```

【例 4.27】 猴子吃桃子。一天猴子摘了一些桃子,当天吃掉了一半多一个桃子;第二天接着吃了剩下的一半多一个桃子;以后每天吃剩下桃子的一半多一个,到第七天早上要吃的时候只剩下一个了,问:猴子那天一共摘了多少桃子?

分析:这是一个"递推"的问题。先从最后一天推出倒数第二天的桃子,然后再推出倒数第三天的桃子,最终可知总共摘了多少桃子。

假设第 n 天的桃子为 x_n,那么前一天的桃子数就为 $x_n = \frac{1}{2}x_{n-1} - 1$,就可以得出:$x_{n-1} = (x_n + 1) \times 2$。

界面设计略,过程设计如下。

```
Private Sub Form_Click()
x= 1
For i= 6 To 1 Step-1
    x=（x+ 1）*  2
Print"第"& i &"天的桃子数为:"; x;"只"
Next i
End Sub
```

习　题　4

1.选择题

(1)输入对话框 InputBox 的返回值的类型是(　　　)。

A.字符串　　　　　　B.整数　　　　　　C.浮点数　　　　　　D.长整数

(2)若 A≤B 且 C≤D 则 E=2,写作 Visual Basic 语句应为:If A<=B(　　　)C<=D Then E=2 。

A. Xor　　　　　　B. And　　　　　　C.< >　　　　　　D. Or

(3)以下语句中,与语句"If A>"X" And B<>"Y" Then C=p Else C=q"等价的是(　　　)。

A. If A <="X"Or B="Y" Then C=q Else C=p

B. If A <="X" And B="Y" Then C=q Else C=p

C. If Not(A <="X"Or B="Y")Then C=q Else C=p

D. If A <"X" And B="Y" Then C=q Else C=p

(4)在下列关于 Select Case 的叙述中,错误的是(　　　)。

A. Case 10 To 100 表示判断 Is 是否介于 10 与 100 之间

B. Case "abc","ABC"表示判断 Is 是否和"abc"、"ABC"两个字符串中的一个相同

C. Case "X"表示判断 Is 是否为大写字母 X

D. Case-7,0,100 表示判断 Is 是否等于字符串"-7,0,100"

(5)语句 Print "5 * 5"的执行结果是(　　　)。

A. 25　　　　　　B."5 * 5"　　　　　　C.出现错误提示　　　D.5 * 5

(6)由"For i=1 To 16 Step 3"决定的循环结构被执行(　　　)次。

A. 4　　　　　　B. 5　　　　　　C. 6　　　　　　D. 7

(7)若 i 的初值为 8,则下列循环语句的循环次数为(　　　)次。

```
Do While i < = 17
   i= i+ 2
Loop
```

A.3 次　　　　　　B.4 次　　　　　　C.5 次　　　　　　D.6 次

(8)语句 If x=1 Then y=1,下列说法正确的是(　　　)。

A. x=1 和 y=1 均为赋值语句

B. x=1 和 y=1 均为关系表达式

C. x＝1 为关系表达式,y＝1 为赋值语句

D. x＝1 为赋值语句,y＝1 为关系表达式

(9)假定有如下的窗体事件过程:

```
Private Sub Form_Click()
a$ = "Microsoft Visual Basic"
b$ = Right(a$ ,5)
c$ = Mid(a$ ,1,9)
MsgBox a$ ,34,b$ ,c$ ,5
End Sub
```

程序运行后,单击窗体,则在弹出的信息框的标题栏中显示的信息是( )。

A. Microsoft Visual   B. Microsoft   C. Basic   D. 5

(10)设 a＝5,b＝6,c＝7,d＝8,执行语句 X＝IIf((a＞b)And(c＞d),10,20)后,x 的值是
( )。

A. 10   B. 20   C. 30   D. 200

(11)语句 Print Sgn(−6^2)＋Abs(−6^2)＋Int(−6^2)的输出结果是( )。

A. −36   B. 1   C. −1   D. −72

(12)在窗体上绘制一个名称为 Command 1 的命令按钮。单击命令按钮时执行如下事件过程。

```
Private Sub Command 1_Click()
a$ = "software and hardware"
b$ = Right(a$ ,8)
c$ = Mid(a$ ,1,8)
MsgBox a$ ,b$ ,c$ ,1
End Sub
```

则在弹出的信息框标题栏中显示的标题是( )。

A. software and hardware   B. hardware

C. software   D. 1

(13)以下程序段的输出结果是( )。

```
x= i
y= 4
Do Until y＞4
x= x* y
Y= y+ i
Loop
Print x
```

A. 1   B. 4   C. 8   D. 20

(14)有如下事件过程:

```
Private Sub Form Click()
Dim n A s Integer
x= 0
n= InputBox("请输入一个整数")
For i= 1 Ton
```

```
    For j= 1 To i
    x= x+ i
    Next j
    Next i
    Print x
    End Sub
```

程序运行后,单击窗体,如果在输入对话框中输入:5,则在窗体上显示的内容是(　　)。

A. 13　　　　　　　　B. 14　　　　　　　　C. 15　　　　　　　　D. 16

(15)下面不能在信息框中输出"VB"的是(　　)。

A. MsgBox " VB "　　　　　　　　　　　　B. x＝MsgBox(" VB ")

C. MsgBox(" VB ")　　　　　　　　　　　　D. Call MsgBox " VB "

2. 填空题

(1)当字符变量中第三个字符是"C"时,利用 msgbox 显示"yes",否则显示"no"。

(2)下列程序求两个正整数 m、n 的最大公约数。

```
    Private Sub Form Click()
        Dim m As Integer,n As Integer,r As Integer
        m= InputBox("请输入 M 的值:"):n= InputBox("请输入 N 的值:")
        Print m;"和"; n;"的最大公约数是:"
        r= m Mod n
        Do Until _____
          m= n:n= r:r= _____
        Loop
          Print n
    End Sub
```

(3)执行下列程序后,a 的值是_____。

```
    a= 0
      for b= 1 to 10
        for c= 0 to 2
          a= a* c
        next c
        a= a+ b
      next b
```

(4)

```
    k= 0
      do while k< = 10
        k= k+ 1
        print k    循环执行的次数是_____。
```

(5)

```
    for I= - 3 to 20 step 4 循环执行的次数是_____。
      for I= - 3.5 to 6.5 step 0.5 循环执行的次数是_____。
      for I= - 3.5 to 6.5 step- 0.5 循环执行的次数是_____。
      for I= - 3 to 20 step 0 循环执行的次数是_____。
```

(6)
```
Private Sub Form_Click()
    Dim k,n,m As Integer
    n= 6
    m= 1
    k= 1
    Do While k< = n
        m= m* 2
        k= k+ 1
    Loop
    Print m
End Sub
```
程序运行后,单机窗体,输出结果为_____。
(7)
```
Private Sub Command1_Click()
    n = Val(Text1.Text)
    Select Case n
    Case 1 to 30
        x= 20
    Case 2,4,8
        x= 30
    Case Is< = 10
        x= 40
    Case 10
        x= 50
    End Select
        Text2.Text= x
End Sub
```
程序运行后,在文本框 Text1 中输入 10,然后单击按钮,则在 Text2 中显示_____。
(8)运行下面程序时,若输入 395,则输出结果是_____。
```
Private Sub Comand1_Click()
    Dim x%
    x= InputBox("请输入一个 3 位整数")
    Print x Mod 10,x\100,(x Mod 100)\10
End Sub
```
(9)窗体上有一个名称为 Text 1 的文本框和一个名称为 Command 1、标题为"计算"的命令按钮,函数 Fun 及命令按钮的单击事件过程如下。请将程序补充完整。
```
Private Sub Command 1 _Click()
    Dim x As Integer
    x= Val(InputBOX("输人数据"))
    Text 1= Str(fun(x)+ fun(x)+ fun(x))
    End Sub
    Private Function fun(ByRef n As Integer)
    If n Mod 3= 0 Then
```

```
        n= n+n
        Else
        n= n* n
        End If
        _____ = n
    End Function
```

当单击命令按钮,在对话框中输入 2 时,文本框中显示的是 _____。

(10)在窗体上绘制一个文本框,然后编写如下事件过程。

```
    Private Sub Form_Click()
    x= InputBox("请输入一个整数")
    Print x+ Text1.Text
    End Sub
```

运行程序时,在文本框中输入 456,然后单击窗体,在对话框中输入 123,单击"确定"按钮后,在窗体上显示的内容为 _____。

3.程序阅读题

写出下列程序的运行结果。

(1)

```
    Private Sub Form Click()
        Dim a as integer,s as integer
        a= 5:s= 0
        Do While a < = 0
          s= s+ a:a= a-1
        Loop
        Print s; a
    End Sub
```

请写出单击窗体后,窗体上的显示结果。

(2)

```
    Private Sub Form_Click()
        Dim i As Integer,sum As Integer,m As Integer
        sum= 0
        Do
          m= InputBox("请输入 m","累加和等于"& sum)
          If m= 0 Then Exit Do
          sum= sum+ m
        Loop
        Print sum
    End Sub
```

请写出输入 8、9、3、0 后,窗体上的显示结果。

(3)

```
    Private Sub Form_Click()
        Static a As Integer
        Dim b As Integer
```

```
    b= a+ b+ 1
    a= a+ b
    Form1.Print"a= "; a,"b= "; b
  End Sub
```

请写出单击窗体三次后,窗体上的显示结果。

(4)

```
  Private Sub Form_Click()
    Dim i as integer,j as integer
    For i= 1 To 6
      Print Spc(6-i);
      For j= 1 To(2 * i)-1:Print"W";:Next j
      Print
    Next i
  End Sub
```

请写出单击窗体后,窗体上的显示结果。

(5)

```
  Dim i As Integer,n As Integer
    Private Sub Form_Click()
    For i= 1 To 3:s= sum(i):Print"s= "; s:Next i
  End Sub
  Private Function sum(n As Integer)
    Static j As Integer
    j= j+ n+ 1:sum= j
  End Function
```

请写出单击窗体后,窗体上的显示结果。

(6)在窗体上绘制一个命令按钮,其名称为 Command1,然后编写如下事件过程。

```
  Private Sub Command1_Click()
  Dim i As Integer,x As Integer
  For i= 1 To 6
  If i= 1 Then x= i
  If i < = 4 Then
  x= x+ 1
  Else
  x= x+ 2
  End If
  Next i
  Print x
  End Sub
```

请写出程序运行后,单击命令按钮,其输出的结果。

(7)设有如下程序:

```
  Private Sub Command1_Click()
  Dim c As Integer,d As Integer
  c= 4
```

```
d= InputBox("请输入一个整数")
Do While d > 0
If d > c Then
c= c+ 1
End If
d= InputBox("请输入一个整数")
Loop
Print c+ d
End Sub
```

请写出程序运行后,单击命令按钮,在输入对话框中依次输入 1、2、3、4、5、6、7、8、9、0 时输出的结果。

4.程序设计题

(1)用 InputBox 函数输入三个任意整数,按从大到小的顺序输出。

(2)编程,输入 x 值,按下式计算并输出 y 值。

$$y=f(x)=\begin{cases} x+3 & x>3 \\ x^2 & 1\leqslant x\leqslant 3 \\ \sqrt{x} & 0<x<1 \\ 0 & x\leqslant 0 \end{cases}$$

(3)编程,输入 n(n 为一位正整数),输出 n+1 层的杨辉三角形。当 n 为 6 时,输出结果如下所示。

```
                    1
                 1     1
              1     2     1
           1     3     3     1
        1     4     6     4     1
     1     5    10    10     5     1
  1     6    15    20    15     6     1
```

(4)输出 6~100 之间所有整数的质数因子(将求质因子写作 Sub 过程)。

(5)计算方程 $x^2+y^2+z^2=2\ 000$ 的所有整数解。

(6)利用随机函数产生 30~100 范围内的 20 个随机数,显示其中的最大值、最小值和平均值。

第⑤章 数组与自定义类型

在程序中处理数据时,对于输入的数据、参加运算的数据、运行结果等临时数据,通常使用变量来保存,由于变量在一个时刻只能存放一个值,因此当数据不太多时,使用简单变量即可解决问题。

但是,有些复杂问题,利用简单变量进行处理很不方便,甚至是不可能的。例如以下几个问题。

(1)输入 50 个数,按逆序打印出来。

(2)输入 100 名学生某门课程的成绩,要求把高于平均分的那些成绩打印出来。

(3)统计高考中各分数段的人数。

(4)某公司有近万名职工,要求做一个职工工资报表。

(5)窗体上的几个同类型控件,有着某种关系。

这就需要我们构造新的数据结构——数组。

5.1 数组的概念

数组是具有相同类型的有序变量的集合,可用于存储成组的有序数据。

根据数组的定义,我们必须明确以下几点。

(1)数组的命名与简单变量的命名规则相同。

(2)数组中的元素是有序排列的。

(3)数组的元素个数是有限的,数学中的无限数组不能表示。

(4)数组的类型也就是该数组的下标变量的数据类型。

在 Visual Basic 中,可以说明任何基本数据类型的数组(包括用户自定义类型),但是一个数组中的所有元素应该具有相同的数据类型,只有当数组的数据类型为 Variant 时,各个元素的数据类型可以不同。

5.1.1 数组的声明

1. 数组的声明

数组必须先声明后使用,声明的格式如下。

Dim ∣ Private ∣ Public ∣ static 数组名(<维数说明>)[As 类型]

对数组进行声明应该包括数组名、维数、大小、类型及作用域。数组的命名规则和变量的命名规则一致。

Dim:用于在过程(Procedure)、窗体模块(Form)或标准模块(Module)中声明数组变量。在过程中使用 Dim 时,所声明的数组变量的作用域为过程级(作用范围为数组声明所在过程)、在窗体模块或标准模块的通用声明段中使用 Dim 时,所声明的数组变量的作用域为模块级(作用范围为数组声明所在模块)。

Private:用于在窗体模块、标准模块的通用声明段中声明一个模块级的私有数组变量,其作用域为模块级。在窗体模块或标准模块的通用声明段使用 Private 和使用 Dim 的作用效果相同。

Public：用于在标准模块中声明公用数组变量，所声明的数组变量的作用域为整个应用程序。在 Visual Basic 中，允许在窗体模块中使用 Public 声明公用简单变量，但是不允许在窗体模块中使用 Public 声明公用数组变量。

Static：用于在过程中声明静态数组变量，所声明的静态数组变量的作用域为该过程。

2. 数组元素和下标

数组声明后，仅仅表示在内存中分配了一段连续的存储空间。对数组进行操作，一般是针对某个元素进行操作。数组元素是带有下标的变量，是数组的一个成员，其一般形式如下。

数组名(下标 1 [,下标 2,……])

如：A(2)　B(2+2,1)　C(1 * 2,3,1)　D(i)

下标表示顺序号，每个数组元素有唯一的顺序号。下标可以是常数、数值变量、算术表达式，甚至可以是一个数组元素。下标中如果含有变量，使用前该变量应提前赋值。多个下标之间应该由逗号分隔。

下标值应该为整数，否则计算机将对下标自动取整。比如 a(3.2)将被视为 a(3)，a(−3.7)将被视为 a(−4)。

3. 数组的维数和维界

标志一个数组元素所需的下标个数称为数组的维数。所以有一维数组、二维数组及两个以上下标的多维数组。在 Visual Basic 中，理论上数组的维数最多可以达到 60 维。

下标的取值范围称为数组在这一维的界。在 Visual Basic 中，维界不得超过 Long 数据类型的范围(−2 147 483 648～2 147 483 647)。我们把下标所取的最大值称为上界，最小值称为下界(默认为 0)。数组的下标在上下界内是连续的。对某一维数组元素而言，其下标不能超出维界的范围，否则会出现"下标越界"的错误。

在数组声明语句的维数说明中，如果明确指出维界，则声明的是固定大小数组；否则，声明的是动态数组。

4. 数组的数据类型和大小

数组的数据类型由数组声明语句中的 As 类型决定，可以是整型、长整型、单精度型、双精度型、货币型、字节型、字符串型、逻辑型、日期型、对象型。如果声明时省略 As 类型，则数组的数据类型默认为 Variant 类型。

数组中元素的个数称为数组的大小，数组的大小与它的数据类型无关。数组的大小为每一维大小的乘积，而某一维的大小为：下界−上界+1。

5. 数组的引用

数组的引用通常是指对数组元素的引用。引用数组元素时，数组名、数据类型和维数必须和定义的一致。另外还要注意区分数组的声明和数组元素。例如，对于下面的程序片段：

```
Dim x(8)As Integer
Dim Temp As Integer
…
Temp= x(8)
```

尽管有两个 x(8)，但是 Dim 语句中的 x(8)不是数组元素，而是说明由它声明的数组 x 的下标最大值为 8；而赋值语句"Temp＝x(8)"中的 x(8)是一个数组元素。

6. 数组和简单变量的比较

(1)输入的简单变量越多,程序就越长,程序本身占用的内存空间就越大。

(2)在一个程序中使用的简单变量的个数有限。对大批量数据,简单变量就不能表示了。

(3)简单变量的存储位置呈松散状态,数组却占据着一片连续的存储区域。

(4)在程序结构方面,简单变量不适合使用循环的办法来解决。

总之,简单变量适合于处理一个或几个变量的情况,每个简单变量只能存储一个数据,各简单变量之间没有固定的联系。而数组反映的是大批数据间的顺序和联系,体现的是数据间更复杂的结构,因此数组适用于处理大批量数据之间的比较、排序和检索。

7. 数组的分类

(1)根据数组的数据类型分为整型、长整型、单精度型、双精度型、货币型、字节型、字符串型、逻辑型、日期型、对象型(也可叫控件数组)和变体(Variant)数组等 11 类。

(2)根据数组的作用域可分为公用数组、模块数组和局部数组三类。

(3)根据数组的生命期和存放方式可分为静态数组和自动数组两类。

(4)根据数组的元素个数是否变化分为固定数组和动态数组两类。

5.1.2 静态数组及声明

固定大小数组在声明阶段其大小就已经确定,在程序运行期间其元素个数不能改变,这种形式的数组在编译阶段就已经确定了存储空间。

1. 数组的声明

1)声明格式

Dim ｜ Private ｜ Public ｜ static 数组名(维界定义)［As 类型］

2)功能

声明一个数组,并初始化所有数组元素。

3)说明

(1)数组的维界定义必须为常数或常量符号,不能是表达式或变量。例如:

```
Const k As integer= 10
Dim x(10) As Single          '正确
Dim a(k) As long             '正确
```

而

```
n= 10
Dim x(n) As Single           '错误
```

(2)维界定义的形式是:［下界 1 To］上界 1［,［下界 2 To］上界 2］……一般情况下,当［下界 To］缺省时,默认值为 0,下界≤上界。维的大小为:上界－下界＋1。维界说明如果不是整数,将自动进行四舍五入处理。例如:

```
Dim sum(10)As Integer        '声明 sum 为一维数组,共有 11 个元素,下标从 0 到 10
Dim res(1 To 20)As Single    '声明 res 为一维数组,共有 20 个元素,下标从 1 到 20
Dim x(9,19)As Integer        '声明 x 为二维数组,共有 10* 20= 200 个元素
Dim y(- 5 To 4,9)As Integer  '声明 y 为二维数组,共有 10* 10= 100 个元素
Dim z(9,1 To 10,9)As Integer '声明 z 为三维数组,共有 10* 10* 10= 1 000 个元素
```

(3)As 数据类型:用来说明数组元素的类型,如果缺省,则默认为是变体型(Variant)。

例如：

```
Dim a(12)As Single          '声明 a 数组为单精度型
Dim x(1 To 50)As Integer    '声明 x 数组为整型
Dim y(-9 To 10)             '声明 y 为变体型数组
```

（4）声明数组时可以通过 Option Base n 语句来指定缺省下界，n 的值只能为 0 或 1。例如：

```
Option Base 1               '指明缺省下界为 1
Dim cup(4,5)As Integer      '声明 cup 为二维数组,共有(4-1+ 1)* (5-1+ 1)= 20 个
                             元素
Dim da(7,1 To 10)As Integer '声明 da 为二维数组,共有(7-3+ 1)* (10-1+ 1)= 50 个元
                             素
```

> 注意：Option Base 语句只能在模块级使用,即在窗体模块或标准模块的通用声明段使用,而不能在过程中使用;当在某一模块中使用了 Option Base 语句改变了缺省的下界值,这一缺省值只能影响到包含该 Option Base 语句的模块,而其他模块中所定义的数组的下界缺省值不会受到影响。如在窗体 Form1 的通用声明段中加入语句 Option Base 1,则只在 Form1 中定义数组时,默认下界值为 1。

（5）数组声明语句声明一个数组,将同时对所有数组元素进行初始化,把数值数组中的全部数组元素都初始化为 0,把变体字符串数组中的数组元素初始化为空字符串,把定长字符串数组的元素初始化为给定长度的空格,把逻辑型数组元素初始化为 False,变体型数组元素初始化为 Empty。

（6）声明数组也可以使用类型说明符代替 As 类型。例如：

```
Dim a$ (10)        '字符串类型数组
Dim b% (2,3)       '整型数组
Dim c! (3,4,5)     '单精度浮点类型数组
```

（7）声明数组时,一条声明语句可以同时声明多个相同或不同数据类型的数组。例如：

```
Dim a1(10) As Single,a2(10,10) As Long,a3(10,10,10) As Integer
Dim b1% (10),b2% (20),b3! (2,2),b4# (3,4,5)
```

4）声明数组的方法

（1）建立公用数组　在模块的通用声明段用 Public 语句声明数组。例如：

```
Public Counters(14)  As Double    '定义 Counters 为 15 个元素的公用数组
```

（2）建立模块级数组　在模块的通用声明段用 Private 或 Dim 语句声明数组。例如：

```
Private Sums(1 To 20)As Double    '定义 Sums 为 20 个元素的模块级数组
Dim a(4)  as Integer              '声明模块级数组
Private Sub Command1_Click()
...
End Sub
```

（3）建立局部数组　在过程中用 Dim 或 Static 语句声明数组。例如：

```
Private Sub Form_Click()
    Dim Subs(20)  As Double       '定义 Subs 为 20 个元素的局部数组
End Sub
Private Sub Form_Click()
    Static s(3)  As Integer
End sub
```

2. 固定大小数组使用举例

【**例 5.1**】 求一个给定的一维数组中的最大元素和最小元素,并给出相应元素的下标,同时求出各元素的和及平均值。

1)控件及属性

控件及属性如表5.1所示。

表 5.1 控件及属性

控 件	名称(Name)	属 性
标签	Label1	Caption="最大元素"
标签	Label2	Caption="最小元素"
标签	Label3	Caption="各元素的和"
标签	Label4	Caption="数组元素的平均值"
标签	Label5	Caption="对应下标"
标签	Label6	Caption="对应下标"
文本框	Text1	Locked=True
文本框	Text2	Locked=True
文本框	Text3	Locked=True
文本框	Text4	Locked=True
文本框	Text5	Locked=True
文本框	Text6	Locked=True
按钮	Command1	Caption="计算"

2)布局

界面布局如图5.1所示。

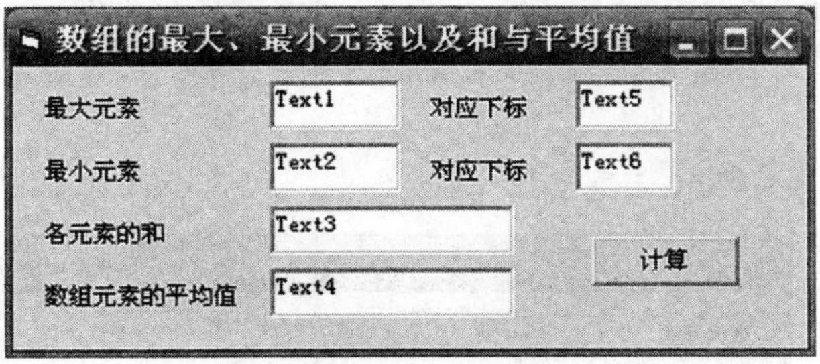

图 5.1 界面布局

3)代码

```
'变量声明
Dim b(1 To 10)  As Integer
Dim bmax% ,bmin% ,bsum% ,baverage!
'计算按钮代码
Private Sub Command1_Click()
    Dim imax% ,imin%
    For i= 1 To 10
      If bmin >  b(i)Then
          bmin= b(i)
```

```
            imin= i
        End If
        If bmax < b(i)Then
            bmax= b(i)
            imax= i
        End If
        bsum= bsum+ b(i)
    Next i
    baverage= bsum / 10
    Text1.Text= bmax
    Text2.Text= bmin
    Text3.Text= bsum
    Text4.Text= baverage
    Text5.Text= imax
    Text6.Text= imin
End Sub
'窗体载入代码
Private Sub Form_Load()
    Text1.Text= "":Text2.Text= ""
    Text3.Text= "":Text4.Text= ""
    Text5.Text= "":Text6.Text= ""
    b(1)= 10:b(2)= 40:b(3)= - 10:b(4)= 100:b(5)= 1200
    b(6)= - 93:b(7)= - 239:b(8)= 76:b(9)= - 921:b(10)= 44
    bmax= bmin= b(1)
    bsum= baverage= 0
End Sub
```

4)运行结果

运行结果如图5.2所示。

图 5.2　运行结果

【例 5.2】　一个二维表格就是一个二维数组。数学上形如矩阵 $\{a_{ij}\}$ 表示的数据均可用二维数组来处理。请编程完成两个相同阶数的矩阵 A 和 B 相加,将结果存入矩阵 C,即 C＝A＋B。由于阶数相同,因此只要分别求出 $c_{ij}＝a_{ij}＋b_{ij}$ 即可。(此例为二维数组举例)

1)控件及属性

控件及属性如表 5.2 所示。

表 5.2　控件及属性

控　　件	名称（Name）	属　　性
标签	Label1	Caption＝"矩阵 A"
标签	Label2	Caption＝"矩阵 B"
标签	Label3	Caption＝"矩阵 C"
图片框	Picture1	
图片框	Picture2	
图片框	Picture3	
按钮	Command1	Caption＝"矩阵求和"

2）布局

界面布局如图 5.3 所示。

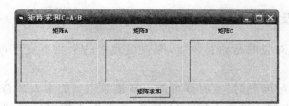

图 5.3　界面布局

3）代码

```
'矩阵求和按钮代码
Private Sub Command1_Click()
    Picture1.Cls
    Picture2.Cls
    Picture3.Cls
    Dim a(4,5) As Integer
    Dim b(4,5) As Integer
    Dim c(4,5) As Integer
    For i= 0 To 4
        For j= 0 To 5
            a(i,j)= Int(Rnd * 91)+ 10
            b(i,j)= Int(Rnd * 91)+ 10
            c(i,j)= a(i,j)+ b(i,j)
        Next j
    Next i
    For i= 0 To 4
        For j= 0 To 5
            Picture1.Print Format(a(i,j),"! @ @ @ @ ");
            Picture2.Print Format(b(i,j),"! @ @ @ @ ");
            Picture3.Print Format(c(i,j),"! @ @ @ @ ");
            Next j
        Picture1.Print
```

```
              Picture2.Print
              Picture3.Print
         Next i
     End Sub
```

4)运行结果

运行结果如图 5.4 所示。

图 5.4 运行结果

5.1.3 动态数组及声明

与固定大小数组对应的是动态数组,即数组元素的个数不定且可以根据需要动态改变数组元素个数的数组。

使用数组解决实际问题时,有时候可能不知道数组到底多大才合适,太大的话会占用大量的存储空间,而太小的话可能不能满足需要;或者由于程序运行的需要,要求数组的大小能够动态地变化,这时就要使用动态数组。在 Visual Basic 中,动态数组很灵活,可以在任何时候改变大小,有助于有效管理内存。例如,当要处理的数据量很大时,可短时间使用一个大数组(分配比较大的存储空间),然后当数据量变小时,将原来的大数组变为一个较小的数组,从而释放部分存储空间;当不使用这个数组时甚至可以将数组所占用的存储空间全部释放。

1. 动态数组的创建

1)创建方法

要创建动态数组,需要分两步进行。

(1)与前面的静态数组的声明类似,只是不说明维数和界限,并且不分配内存。

(2)实际使用时,用 ReDim 语句分配实际的内存空间,格式为:

Redim[preserve]数组名(维界定义 1[,维界定义 2 ……])[As 类型]

例如,可先在模块级声明中建立动态数组 DynArray。

```
Dim DynArray()As Integer
```

然后,在过程中给数组分配空间。

```
Sub TestArray()
...
ReDim DynArray(9,1 to 20)
...
End Sub
```

2)说明

(1)ReDim 语句中的维界定义中的上下界可以是常量,也可以是有了确定值的变量。

(2)ReDim 语句只能出现在过程体内,为数组临时分配存储空间,当所在过程结束时,分配的存储空间就会释放。在过程中可以多次使用 ReDim 语句来改变数组的大小。

（3）使用 Redim 语句时，如果不使用 Preserve 选项，则原来数组中的值丢失，即数组中的内容全部被重新初始化。

（4）使用 Redim 语句时，如果使用 Preserve 选项，则对数组重新说明时，将会保留数组中原来的数据。但是不能改变维数，并且只能改变最后一维的大小，前面维的大小不能改变。

例如：

```
Dim exa()As Integer
Private Sub Form_Click()
ReDim exa(2,2)              '正确,二维数组
ReDim Preserve exa(2,4)     '正确,保留数组原来的数据,只可改变最后一维大小
ReDim Preserve exa(4,2)     '下标越界错误,使用 Preserve 选项只可改变最后一维大小
ReDim Preserve exa(2,2,4)   '下标越界错误,使用 Preserve 选项不能改变维数
...
End Sub
```

（5）使用 ReDim 语句时，可以省略 As 类型，即维持数组原来的数据类型。但如果使用 As 类型，其中的"类型"应该和此数组最初的数据类型一致，即使用 ReDim 语句不可以改变数组的数据类型。

例如：

```
Dim exa()As Integer            '整型
Private Sub Form_Click()
  ReDim exa(2,2)               '正确,省略 As 类型,表示整型
  ReDim exa(2,4)As Integer     '正确,整型,与初始定义一致
  ReDim exa(2,2,2)As Single    '错误,不能改变数组元素的数据类型
  ...
End Sub
```

（6）在 ReDim 语句中可以定义多个动态数组，但是这些数组必须都已事先用不带维数和界限的数组声明语句进行了声明。

例如：

```
Dim a11%(),a12$(),a13!()        '先声明
Private Sub Form_Click()
  ReDim a11(2,3),a12(4,5),a13(5,6,7)
  ...
End Sub
```

2. 动态数组使用举例

【例5.3】 请编程，输出杨辉三角形，其一般形式如下。

```
1
1    1
1    2    1
1    3    3    1
1    4    6    4    1
1    5    10   10   5    1
......
```

为了输出杨辉三角形，首先找到形成上述矩阵的规律：对角线和每行的第 1 列均为 1，其余各项是它的上一行中前一个元素和上一行的同一列元素之和；从而可以得出形成矩阵数据的一般规律：$a(i,j)=a(i-1,j-1)+a(i-1,j)$。

1)控件及属性

控件及属性如表 5.3 所示。

表 5.3　控件及属性

控　件	名称(Name)	属　　性
文本框	Label1	Caption="杨辉三角形"
图片框	Picture1	
按钮	Command1	Caption="显示"

2)布局

界面布局如图 5.5 所示。

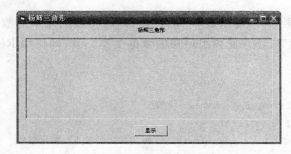

图 5.5　界面布局

3)代码

```
Option Base 1
Dim a% ()
'显示按钮代码
Private Sub Command1_Click()
    Dim m%
    m= Val(InputBox("请输入要显示杨辉三角形的级数 m(小于等于 14 的正整数)","获取
显示级数",6))
    If(m<  1 Or m>  14) Then
        MsgBox"请输入大于等于 3 小于等于 14 的整数",64,"杨辉三角形"
        Exit Sub
    End If
    ReDim a(m,m)
    Picture1.Cls
    For i= 1 To m
        a(i,1)= 1:a(i,i)= 1
    Next i
    For i= 3 To m
        For j= 2 To i- 1
```

```
            a(i,j)= a(i- 1,j- 1)+ a(i- 1,j)
        Next j
    Next i
    Dim n% ,k%
    n= 42
    For i= 1 To m
      Picture1.Print Tab(n);
      k= n
      For j= 1 To i
        Picture1.Print Tab(k);
        Picture1.Print Format(a(i,j),"@ @ @ @ @ @ ");
        k= k+ 6
      Next j
      Picture1.Print
      n= n- 3
    Next i
End Sub
```

4)运行结果

运行结果如图 5.6 所示。

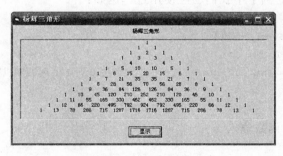

图 5.6　运行结果

5.2　数组操作

　　数组是程序设计中最常用的结构类型,将数组元素的下标和循环语句结合使用,能解决大量的实际问题。数组声明时用数组名表示该数组的整体,但在具体操作中是针对每个数组元素进行的。

5.2.1　数组元素赋初值

1. 数组常用的函数——LBound 函数和 UBound 函数

LBound 函数返回数组某维的下界(最小下标)。用法:

　　　LBound(数组名,[维值])

UBound 函数返回数组某维的上界(最大下标)。用法:

　　　UBound(数组名,[维值])

(1)对于一维数组,使用这两个函数时,可以省略维值。例如:

```
Dim r (10) As Integer
Print LBound(r),Ubound(r)        '运行的结果为输出 0 和 10 两个数
```

（2）对于多维数组，使用这两个函数时，要指定维值从而说明是要获取哪一维的下界或上界。例如：

```
Option Base 1
Dim a(0 To 9,5)
Private Sub Form_Click()
    Print UBound(a,2)    '打印第二维的上界,5
    Print LBound(a,1)    '打印第一维的下界,0
    Print LBound(a,2)    '打印第二维的下界,1
End Sub
```

（3）也可以通过使用这两个函数获得数组某一维的大小。例如：

```
Dim b(9,1 To 5)
m= UBound(b,1) - Lbound(b,1)+ 1    '获得第一维的大小:10
n= UBound(b,2) - Lbound(b,2)+ 1    '获得第二维的大小:5
s= m * n                          '计算数组的大小:50
```

2. 利用循环语句对数组元素逐一赋初值

1）产生随机数赋值

这种方法在前面的例子中我们已经使用过。例如：

```
Dim a% (5)
Private Sub Form_Load()
    For i= 1 To 5
        a(i)= Int(100* Rnd)+ 1        '产生 0 到 100 间的随机数赋值给数组元素
    Next i
End Sub
```

2）通过 InputBox 函数输入

```
Dim b% (5)
Private Sub Form_Click()
    For i= 0 To 5
        b(i)= InputBox("给数组元素赋值","数组 b 赋值")
        Next i
    End Sub
```

当然也可以通过文本框控件输入。

3. 利用 Array 函数

利用 Array 函数可以把一个数据集赋值给一个 Variant 类型的变量（只能是 Variant 型变量，不能是 Variant 型数组），再将该 Variant 变量创建成一个一维数组。例如：

```
Dim a As Variant,b,c(4)As Variant
a= Array(11,12,13,14)        'a 数组有四个元素
b= Array("abc","cde","xyz")        'b 数组有三个元素
For i= LBound(a)  To UBound(a)
    Print a(i)
Next i
For i= LBound(b)  To UBound(b)
```

```
        Print b(i)
    Next i
    c= Array(1,2,3,4)          '错误,不能使用 Array 函数给数组赋值
```

5.2.2 数组之间的相互赋值

在 Visual Basic 6.0 以前的版本中,要将一个数组的各个元素的值赋给另一个数组的各个元素,要通过 For 循环语句实现。在 Visual Basic 6.0 中,只要通过一个简单的赋值语句即可实现。例如:

```
Dim a% (4),b% ()
a(0)= 10:a(1)= 4:a(2)= 8:a(3)= 20:a(4)= 67
b= a     '将 a 数组的各个元素的值对应地赋值给 b 数组
```

其中的"b＝a"语句相当于如下程序段。

```
ReDim b(Ubound(a))
For i= 0 To Ubound(a)
    b(i)= a(i)
Next i
```

使用赋值语句对数组赋值时,赋值语句两边的数组的数据类型必须一致;并且赋值语句左边的数组必须是动态数组,赋值时系统自动将动态数组赋值成与右边相同的数组。

5.2.3 数组元素的输出

数组元素的输出可以使用循环语句和 Print 语句来实现。例如:

```
Dim a% (10)
...
For i= LBound(a)  To UBound(a)
    Print a(i);"";
Next i
...
```

5.2.4 For Each...Next 语句

For Each...Next 语句类似于 For...Next 语句,两者都是用来执行指定重复次数的一组操作。但是 For Each...Next 语句专门用于数组或对象"集合"(我们这里只介绍数组),其格式为:

```
For Each 成员 In 数组
    循环体
    [Exit For]
    ......
Next [成员]
```

这里的成员是一个变体变量,实际代表的是数组中的每个元素。In 数组中的数组仅只需给出数组名。

用 For Each...Next 语句可以对数组元素进行处理,包括查询、显示或读取。它所重复的次数由数组中元素的个数决定,也就是说,数组中有多少个元素,就自动重复执行多少次。

5.2.5 举例

【例 5.4】 请编程,将数组中的各个元素的位置进行逆序操作,即将数组第一个元素与最后一个元素交换位置,第二个元素与倒数第二个元素交换位置,以此类推。

1)控件及属性

控件及属性如表 5.4 所示。

表 5.4 控件及属性

控　件	名称(Name)	属　　性
标签	Label1	Caption="原始数组"
标签	Label2	Caption="逆序数组"
文本框	Text1	Locked=True
文本框	Text2	Locked=True
按钮	Command1	Caption="逆序操作"
按钮	Command2	Caption="退出"

2)布局

界面布局如图 5.7 所示。

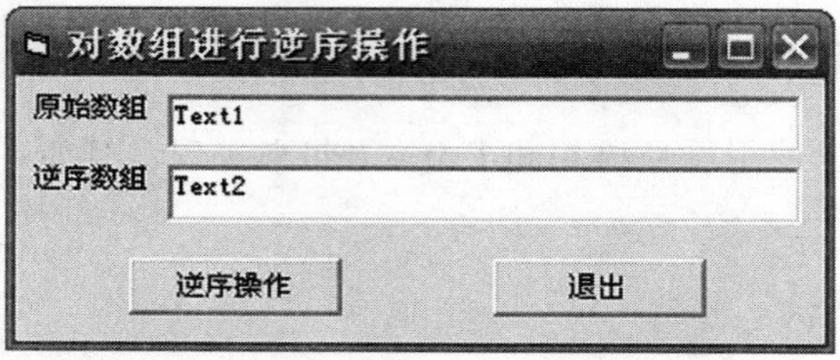

图 5.7 界面布局

3)代码

```
'例 5.4 代码清单
Dim a,b()
'逆序操作按钮代码
Private Sub Command1_Click()
    Text1.Text= ""
    For i= LBound(a)To UBound(a)
        Text1.Text= Text1.Text & Format(a(i),"@ @ @ @ ")
    Next i
    b= a
    For i= LBound(b)To UBound(b)\ 2
        tmp= b(i)
        b(i)= b(UBound(b)- i)
        b(UBound(b)- i)= tmp
    Next i
    Text2.Text= ""
```

```
        For i= LBound(b) To UBound(b)
            Text2.Text= Text2.Text & Format(b(i),"@ @ @ @ ")
        Next i
        a= b
    End Sub
    '退出按钮代码
    Private Sub Command2_Click()
        Unload Me
    End Sub
    '窗体载入初始化
    Private Sub Form_Load()
        Text1.Text= "":Text2.Text= ""
        '利用 Array 函数为数组赋值
        a= Array(43,31,27,16,9,0,-7,-18,-21,-35)
        '将数组显示在 Text1 中
        For i= LBound(a)To UBound(a)
            Text1.Text= Text1.Text & Format(a(i),"@ @ @ @ ")
        Next i
    End Sub
```

4)运行结果

运行结果如图5.8所示。

图 5.8　运行结果

【例 5.5】　分类统计：现在对某个班的学生的某一门课的成绩进行分类统计；要求按照优秀(90～100 分)、良好(80～89 分)、及格(60～79 分)、不及格(60 分以下)四个标准，统计出各档成绩的人数。成绩可以通过文本框输入。

1)控件及属性

控件及属性如表5.5所示。

表 5.5　控件及属性

控　件	名称(Name)	属　性
标签	Label1	Caption="输入成绩(以,分隔)"
标签	Label2	Caption="人数"
标签	Label3	Caption="优秀"
标签	Label4	Caption="良好"
标签	Label5	Caption="及格"
标签	Label6	Caption="不及格"

控 件	名称（Name）	属 性
标签	Label7	Caption="总人数"
文本框	Text1	MultiLine=True
文本框	Text2	Locked=True
文本框	Text3	Locked=True
文本框	Text4	Locked=True
文本框	Text5	Locked=True
文本框	Text6	Locked=True
按钮	Command1	Caption="统计"

2）布局

界面布局如图 5.9 所示。

图 5.9 界面布局

3）代码

```
'例 5.5 代码清单
Dim inp$ (),sco! ()
'统计按钮事件
Private Sub Command1_Click()
    '从文本框获取成绩
    Dim tmp As String
    tmp= Replace(Text1.Text,",,",",")    '去除连续的分隔符
    inp= Split(tmp,",")    '将字符串以逗号为分隔符分离,将结果转存入数组 inp
    ReDim sco(LBound(inp) To UBound(inp))
    For i= LBound(sco) To UBound(sco)
        sco(i)= Val(inp(i))
    Next i
    Dim a,b% ,c% ,d%
    For Each x In sco
        If x > = 90 Then
            a= a+ 1
        ElseIf x > = 80 Then
```

```
            b= b+ 1
        ElseIf x > = 60 Then
            c= c+ 1
        Else
            d= d+ 1
        End If
    Next x
    Text2.Text= a
    Text3.Text= b
    Text4.Text= c
    Text5.Text= d
    Text6.Text= a+ b+ c+ d
End Sub
'窗体载入初始化
Private Sub Form_Load()
    Text1.Text= "":Text2.Text= ""
    Text3.Text= "":Text4.Text= ""
    Text5.Text= "":Text6.Text= ""
End Sub
'文本框按键按下事件,检查输入数据的合法性
Private Sub Text1_KeyPress(KeyAscii As Integer)
    '检查输入数据的合法性,0至9,小数点、逗号以及退格键为合法字符
    Select Case KeyAscii
        Case Asc("0") To Asc("9"),Asc("."),Asc(","),vbKeyBack
        Case Else'非法字符,去除
            KeyAscii= 0
    End Select
End Sub
```

4)运行结果

运行结果如图 5.10 所示。

 ## 5.3 控件数组

5.3.1 控件数组的概念

在 Visual Basic 中有一种特殊的数组称为控件数组,所谓控件数组就是以同一类型的控件为元素的数组。控件数组中的各控件具有相同的名字,即控件数组名(Name 属性);也属于相同的控件类型,例如,都为文本框,或者都为命令按钮;还具有大部分相同的属性。

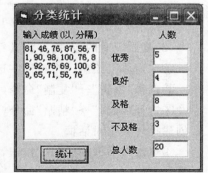

图 5.10 运行结果

建立控件数组时,每一个元素系统会给唯一的索引号(Index),即每一个控件数组元素都具有 Index 属性,该 Index 属性即为该控件在控件数组中的下标值,控件数组的第一个元素的下标为 0。一个控件数组至少有一个元素,元素数目可在系统资源和内存允许的范围内

增加,数组的大小也取决于每个控件所需的内存和 Windows 资源,控件数组中允许使用的最大索引值为 32 767。

控件数组适用于若干个控件执行的操作相似的场合,控件数组共享同样的事件过程。例如,假设一个控件数组含有三个命令按钮,则不管单击哪个命令按钮,都会调用同一个 Click 事件过程。这样可以节约程序员编写代码的事件,也使得程序更加精练,结构更加紧凑。

为了区分控件数组中的各个元素,Visual Basic 会把下标值传给相应的事件过程,从而在事件过程中可以根据不同的控件做出不同的响应,执行不同的事先编写好的代码。

5.3.2　建立控件数组

控件数组是针对控件建立的,因此与普通的数组的定义不同。我们可以在设计阶段建立控件数组,也可以在运行阶段添加控件数组。

1. 在设计阶段建立控件数组

在设计阶段建立控件数组可以通过以下三种方法实现。

(1)将多个控件取相同的名字,步骤如下。

①在窗体上绘制出作为控件数组元素的所有控件,或者在已有的控件中选择要作为控件数组元素的所有控件,但要保证它们都为同一种类型的控件。

②选定要作为控件数组第一个元素的控件,在属性窗口中将其 Name 属性设置为控件数组名,也可沿用原有的 Name 属性作为控件名。

③将其他控件的 Name 属性也改为与第②步中设置的控件名相同的名字,这时 Visual Basic 将显示一个如图 5.11 所示的询问是否创建控件数组对话框,单击"是"按钮,将控件添加到控件数组中。

图 5.11　询问是否创建控件数组对话框

(2)复制现有的控件,并将其粘贴到窗体上,步骤如下。

①在窗体上绘制一个控件并选中,或者选中一个已有的控件。

②选择"编辑"→"复制"命令(快捷键为 Ctrl＋C)。

③选择"编辑"→"粘贴"命令(快捷键为 Ctrl＋V),这时将显示如图 5.11 所示的询问是否创建控件数组对话框。

④单击对话框中的"是"按钮,窗体的左上角将出现一个控件,它就是控件数组的第二个元素。

⑤重复上述操作,建立控件数组的其他元素。

(3)给控件设置 Index 属性,步骤如下。

①在窗体上绘制一个控件并选中,或者选中一个已有的控件。

②在属性窗口中设置其 Index 属性,例如,设置为 0,再用前面介绍的方法(1)或方法(2)向控件数组添加其他的控件,这种方法 Visual Basic 不再显示要求确认是否创建控件数组的

对话框。

控件数组建立后,只要改变一个控件的 Name 属性,并将其 Index 属性设为空,就能把该控件从控件数组中删除,从而成为一个独立的控件。

2. 在运行阶段添加控件数组

在运行阶段添加控件数组的步骤如下。

(1)在窗体上绘制一个控件,将其 Index 属性设为 0,表示为控件数组,这是为控件数组建立的第一个元素,当然也可进行 Name 属性的设置。

(2)编程时通过 Load 方法添加其余的若干个元素,也可通过 Unload 方法删除某个添加的元素。

(3)通过设置每个添加的元素的 Left 属性和 Top 属性,确定其在窗体上的位置,并将其 Visible 属性设为 True。

5.3.3 控件数组应用

【**例 5.6**】 使用控件数组对某个学生的成绩进行统计。假设有四门课程,课程成绩可通过文本框输入,要求能够统计出此学生的最高分、平均分和总分。

1)控件及属性

控件及属性如表 5.6 所示。

表 5.6 控件及属性

控 件	名称(Name)	属 性
框架	Frame1	Caption="输入成绩" Index=0
框架	Frame1	Caption="统计"Index=1
标签	Label1	Caption="高等数学:" Index=0
标签	Label1	Caption="大学英语:"Index=1
标签	Label1	Caption="大学语文:" Index=2
标签	Label1	Caption="大学物理:"Index=3
标签	Label5	
文本框	Text1	Index=0
文本框	Text1	Index=1
文本框	Text1	Index=2
文本框	Text1	Index=3
文本框	Text2	Locked=True
按钮	Command1	Caption="最高分" Index=0
按钮	Command1	Caption="平均分" Index=1
按钮	Command1	Caption="总分" Index=2
按钮	Command2	Caption="退出"

2)布局

界面布局如图 5.12 所示。

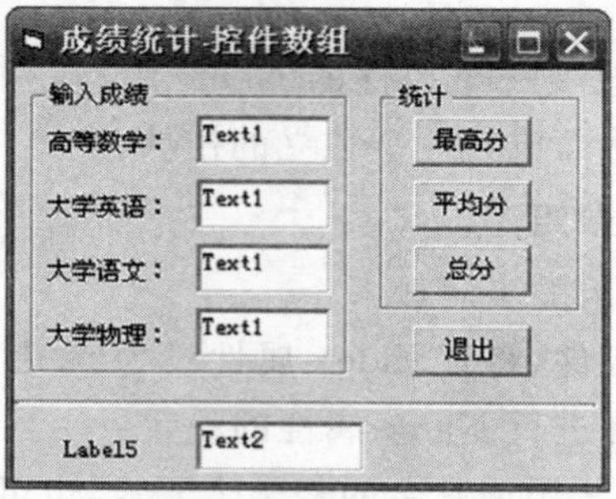

图 5.12　界面布局

3)代码

```
'例 5.6代码清单
Dim sco!(), res! 'sco 数组保存课程成绩, res 数组保存计算结果
'按钮控件数组按钮单击事件
Private Sub Command1_Click(Index As Integer)
    '判断是否有成绩文本框还未输入成绩,有的话则结束过程
    '否则,获取成绩,并进行计算
    For i= Text1.LBound To Text1.UBound
      If Text1(i).Text= ""Then
          MsgBox"请输入所有的成绩",64,"成绩统计"
          Exit Sub
      Else
          sco(i)= Val(Text1(i).Text)
      End If
    Next i
    Select Case Index
      Case 0   '计算最高分
          res= sco(LBound(sco))
          For i= LBound(sco)+ 1 To UBound(sco)
              If sco(i)> res Then res= sco(i)
          Next i
      Case 1   '计算平均分
          res= 0
          For i= LBound(sco)To UBound(sco)
              res= res+ sco(i)
          Next i
          res= res /(UBound(sco)- LBound(sco)+ 1)
      Case 2   '计算总分
          res= 0
          For i= LBound(sco)To UBound(sco)
              res= res+ sco(i)
          Next i
    End Select
    Label5.Caption= Command1(Index).Caption &":"
    Text2.Text= res
    Label5.Visible= True
```

```vb
            Text2.Visible= True
        End Sub
    '退出按钮事件
    Private Sub Command2_Click()
        End
    End Sub
    '窗体载入初始化
    Private Sub Form_Load()
            '根据提供的成绩个数分配成绩数组空间,动态数组
            '并且 sco 数组的上、下界和 Text 控件数组的上、下界一致
            ReDim sco(Text1.LBound To Text1.UBound)
            For i= LBound(sco) To UBound(sco)
                sco(i)= - 1
            Next i
            res= 0
            For i= Text1.LBound To Text1.UBound
                Text1(i).Text= ""
            Next i
            Text2.Text= ""
            Label5.Caption= ""
            Label5.Visible= False
            Text2.Visible= False
    End Sub
    '文本框按键按下事件,检查输入数据的合法性
    Private Sub Text1_KeyPress(Index As Integer,KeyAscii As Integer)
            '检查输入数据的合法性,0 至 9,小数点以及退格键为合法字符
            Select Case KeyAscII
                Case Asc("0") To Asc("9"),Asc("."),vbKeyBack
                '合法字符,vbKeyBack 为退格键的 ASCII 码
                Case Else            '非法字符,去除
                    KeyAscii= 0
                End Select
            End Sub
```

4)运行结果

运行结果如图 5.13 所示。

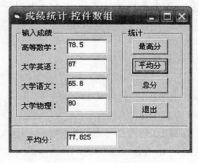

图 5.13　运行结果

【例 5.7】 使用控件数组编写一个简易计算器程序,要求在运行阶段添加控件数组元素。

1)控件及属性

控件及属性如表 5.7 所示。

表 5.7　控件及属性

控　件	名称(Name)	属　　性	
文本框	Text1	Locked＝True	
按钮	CmdBack	Caption＝"BackSpace"	
按钮	CmdCe	Caption＝"CE"	
按钮	CmdClose	Caption＝"Close"	
按钮	CmdDot	Caption＝"．"	
按钮	CmdNum	Index＝0	Caption＝"0"
按钮	CmdOper	Index＝0	Caption＝"＋"

2)布局

界面布局如图 5.14 所示。

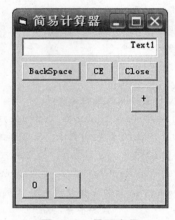

图 5.14　界面布局

3)代码

```
'例 5.7代码清单
'代码中只是给出了窗体载入事件过程
'其中给出了动态加载控件数组元素及调整控件位置的代码
'有兴趣的同学,可以自己完成其他事件过程,从而实现计算器功能
'窗体载入初始化
Private Sub Form_Load()
    '载入数字按钮,并设置位置
    For i= 1 To 9
        Load CmdNum(i)
        CmdNum(i).Visible= True
        CmdNum(i).Caption= i
        CmdNum(i).Width= CmdNum(0).Width
```

```
        CmdNum(i).Height= CmdNum(0).Height
Next i
Dim vsep%    '控件垂直间隔
Dim hsep%    '控件水平间隔
vsep= (CmdNum(0).Top-CmdOper(0).Top-CmdOper(0).Height * 3)\ 3
hsep= (CmdOper(0).Left-CmdNum(0).Left-CmdNum(0).Width* 3)\ 3
For i= 1 To 7 Step 3
    CmdNum(i).Left= CmdNum(0).Left
Next i
For i= 2 To 8 Step 3
    CmdNum(i).Left= CmdNum(1).Left+ CmdNum(1).Width+ hsep
Next i
For i= 3 To 9 Step 3
    CmdNum(i).Left= CmdNum(2).Left+ CmdNum(2).Width+ hsep
Next i
For i= 7 To 9
    CmdNum(i).Top= CmdNum(0).Top - CmdNum(0).Height - vsep
Next i
For i= 4 To 6
    CmdNum(i).Top= CmdNum(7).Top - CmdNum(0).Height - vsep
Next i
For i= 1 To 3
    CmdNum(i).Top= CmdNum(4).Top - CmdNum(0).Height - vsep
Next i
'载入运算按钮,并设置位置
Dim oper
oper= Array("+ ","- ","* ","/","= ")
For i= 1 To 4
    Load CmdOper(i)
    CmdOper(i).Visible= True
    CmdOper(i).Caption= Oper(i)
    CmdOper(i).Width= CmdOper(0).Width
    CmdOper(i).Height= CmdOper(0).Height
    If i <  4 Then
        CmdOper(i).Left= CmdOper(0).Left
    Else
        CmdOper(i).Left= CmdNum(9).Left
    End If
Next i
CmdOper(1).Top= CmdNum(4).Top
CmdOper(2).Top= CmdNum(7).Top
CmdOper(3).Top= CmdNum(0).Top
CmdOper(4).Top= CmdNum(0).Top
'调整 dot 按钮位置
```

```
            CmdDot.Left= CmdNum(0).Left+ CmdNum(0).Width+ hsep
            Text1.Text= "0"
            bfirstop= True
            lop= - 1
            b2opstart= False
        End Sub
```

4）运行结果

运行结果如图 5.15 所示。

图 5.15　运行结果

5.4　自定义数据类型

数组能够存放一组类型相同的数据，要想能够存放一组不同类型的数据，例如，存放一个学生的学号、年龄、家庭住址、手机号码、个人爱好和社会背景等，就必须要用自定义数据类型。

5.4.1　自定义类型

格式：

［Public｜Private］Type 自定义类型名

元素名［（下标）］As 类型名

…

［元素名［（下标）］As 类型名］

End Type

例如，以下定义了一个有关学生信息的自定义类型。

```
    Type StudType
    No As Integer              '学号
    Name As String *  20       '姓名

        Sex As String * 1      '性别
    Mark(1 To 4)As Single      '4 门课程成绩
        Total As Single        '总分
    End Type
```

注意：

（1）自定义类型一般在标准模块（.BAS）中定义，默认是 Public；在窗体中必须是 Private。

（2）不要将自定义类型名和该类型的变量名混淆，自定义类型名表示了如同 Integer、Single 等的类型名，自定义类型变量根据变量的类型分配所需的内存空间，存储数据。

（3）自定义类型一般和数组结合使用，简化程序的编写。

5.4.2　自定义类型变量

1. 自定义类型变量声明形式

Dim　变量名　As　自定义类型名

例如：

```
Dim Student As StudType
```

2. 引用方式

形式为：

变量名.元素名

例如，要表示 Student 变量中的姓名，第 4 门课程的成绩，则可用如下形式。

```
Student.Name,Student.Mark(4)
```

例如：

```
Private Type MANType
    No As Integer          '学号
    Name As String         '姓名
    Sex As String * 1      '性别
    Birthdate As Date      '出生年月
    Speciality as string   '特长
End Type
Private Sub Command1_Click()
Dim Man As MANType
With Man
    .No= 25000:.Name= "秦雪梅":.Sex= "女":.Speciality= "鉴赏书画"
    .Birthdate= # 8/13/1800#
    Print.No;"";.Name;"";.Sex;""; Format(.Birthdate,"yyyy 年 mm 月 dd 日")
End With
End Sub
```

说明：同种自定义类型变量可相互赋值。它相当于将一个变量中的各元素的值对应地赋给另一个变量中的元素。

【**例 5.8**】 自定义一个学生纪录类型，由姓名、专业、总分组成，声明一个最多存放 100 个学生纪录的数组。要求达到的功能，单击"新增"按钮，将文本框输入的学生信息加到数组中；单击"前一个"按钮或"后一个"按钮，显示当前元素的前一条或后一条的纪录；单击"最高"按钮则显示总分最高的纪录；任何时候在窗体上显示数组中输入的纪录和当前数组元素的位置。结果界面如图 5.16 所示。

图 5.16 结果

【**参考代码**】

```
Type StudType
    Name As String * 10
    Special As String * 10
    Total As Single
End Type              '该定义在 lbc5_7.bas 中，是全局类型的
```

```vb
Dim n% ,i%              '窗体级变量
Dim stud(100) As StudType
Private Sub Command1_Click(Index As Integer)
  Dim max% ,maxi% ,j
  Select Case Index
  Case 0              '新增
  If n <  100 Then    '总条数
      If Text1.Text < > ""Then n= n+ 1   '必须有姓名
  Else
      MsgBox prompt:= "人数已经达到100了"
      Exit Sub
  End If
  If n= 0 Or n= i Then Exit Sub
  i= n
  With stud(n)
    .Name= Text1
    .Special= Text2
    .Total= Val(Text3)
  End With
  Text1.Text= "":Text2.Text= "":Text3.Text= ""
  Case 1 '前一个
  If i= 0 Then Exit Sub
    If i >  1 Then i= i- 1
    With stud(i)
      Text1= .Name
      Text2= .Special
      Text3= .Total
    End With
  Case 2  '后一个
    If i= 0 Then Exit Sub
    If i <  n Then i= i+ 1
    With stud(i)
      Text1= .Name
      Text2= .Special
      Text3= .Total
    End With
    Case 3  '最高
      If n= 0 Then Exit Sub
      max= stud(1).Total
      maxi= 1
      For j= 2 To n
        If stud(j).Total >  max Then
        maxi= j
        End If
```

```
                Next j
                With stud(maxi)
                  Text1.Text= .Name
                  Text2.Text= .Special
                  Text3.Text= .Total
                End With
                i= maxi
                End Select
                Label5.Caption= i &"/"& n    '位置
            End Sub
         Private Sub Form_Load()    '准备
            Dim stud(1 To 100)As StudType
            Label1.Caption= "姓名":Label2.Caption= "专业":Label3.Caption= "总分"
            Label4.Caption= "位置":Label5= ""
            Text1.Text= "":Text2.Text= "":Text3.Text= ""
            Command1(0).Caption= "新增":Command1(1).Caption= "前一个"
            Command1(2).Caption= "后一个":Command1(3).Caption= "最高"
         End Sub
```

习 题 5

1.选择题

(1)下面数组声明语句,正确的有(   )。

A. Dim a[2,4] As Integer   B. Dim a(2,4)As Integer

C. Dim a(n,n)As Integer   D. Dim a(2 4)As Integer

(2)假定建立了一个名为 Command1 的命令按钮数组,则以下说法中错误的是(   )。

A. 数组中每个命令按钮的名称(名称属性)均为 Command1

B. 数组中每个命令按钮的标题(Caption 属性)都一样

C. 数组中所有命令按钮可以使用同一个事件过程

D. 用名称 Command1(下标)可以访问数组中的每个命令按钮

(3)下面数组声明语句中,数组包含元素个数为(   )。

```
    Dim a(- 2 to 2,5)
```

A. 120   B. 30

C. 60   D. 20

(4)下面程序的输出结果是(   )。

```
    Dim a
    a= Array(1,2,3,4,5,6,7)
    For i= Lbound(a)to Ubound(a)
    a(i)= a(i)* a(i)
    Next i
    Print a(i)
```

A. 36   B. 程序出错

C. 49   D. 不确定

(5)下面程序的输出结果是(   )。

```
        Option Base 1
        Private Sub Command1_Click()
                Dim a% (3,3)
                For i= 1 To 3
                    For j= 1 To 3
                        If j >  1 And i >  1 Then
                            a(i,j)= a(a(i- 1,j- 1),a(i,j- 1))+ 1
                        Else
                            a(i,j)= i *  j
                        End If
                        Print a(i,j);"";
                    Next j
                    Print
                Next i
            End Sub
```

A. 1 2 3   B. 1 2 3   C. 1 2 3   D. 1 2 3
   2 3 1   1 2 3   2 4 6   2 2 2
   3 2 3   1 2 3   3 6 9   3 3 3

(6)在设定 Option Base 0 后,经 Dim arr(3,4)As Integer 定义的数组 arr 含有的元素个数为(　　)。

A. 12   B. 20   C. 16   D. 9

(7)用下面语句定义的数组的元素个数是(　　)。

```
        Dim A(- 3 To 5) As Integer
```

A. 6   B. 7   C. 8   D. 9

(8)下列程序代码的输出结果是(　　)。

```
        Dim a()
                a= Array(1,2,3,4,5)
                for i= Lbound(a)to Ubound(a)
                    print a(i);
                next I
```

A. 1 2 3 4 5   B. 0 1 2 3 4   C. 5 4 3 2 1   D. 4 3 2 1 0

(9)设有如下数组声明语句,正确的是(　　)。

A. Dim a[3,4] As Integer   B. Dim a(n,n)As Integer

C. Dim a(3,4)As Integer   D. Dim a(3 4)As Integer

(10)窗体上已有命令按钮 Command1 和标签 Label1,下列程序运行后,单击 Command1 按钮,标签 Label1 中显示的内容是(　　)。

```
        Option base 0
        Private Sub Command1_Click()
        Dim a(5)As Integer,n As Integer
        For i= 1 To 5
            a(i)= i
            n= n+ a(i)
```

```
        Next i
        Label1= n
    End Sub
```

A. 5   B. 10

C. 15   D. 程序报错，Label1 不能输出结果

2. 编程题

(1)现有三个大小相同的一维数组 a、b、c，要求编写程序从键盘(通过 InputBox)输入数据对数组 a 和 b 分别进行初始化操作，然后将数组 a 和 b 的对应元素相加，并将结果保存到数组 c 中，即：c(1)＝a(1)＋b(1)、c(2)＝a(2)＋b(2)……并将数组 a、b、c 的元素分别输出到窗体上。

(2)请编写程序实现如下功能：对输入的字符串，分别统计其中各个英文字母出现的次数(不区分大小写)，并要求显示统计结果。

(3)矩阵(二维数组)操作，利用随机数(假设范围：10～80)产生一个 8×8 矩阵 A，现要求：

①矩阵的两对角线元素之和；

②矩阵的最大值和下标；

③分别输出矩阵的上三角和下三角元素；

④将矩阵的第 1 行元素与第 4 行元素交换位置，即第 1 行变为第 4 行，第 4 行变为第 1 行；

⑤将矩阵的两对角线元素均设为 1，其余均设为 0。

(4)有一个 6×8 矩阵，请编写程序将其求其转置矩阵(即行变为列，列变为行)。

第6章 过程与函数

用 Visual Basic 开发应用程序时,通过工程(Project)来组织管理构成应用程序的各种不同的文件,Visual Basic 的代码则可以存储在不同的模块文件中。随着程序功能的不断复杂化,程序代码量也不断增加,有时需要按功能将程序分解成若干个相对独立的程序段(通常称为逻辑部件),Visual Basic 称这些部件为过程,对每个部件分别进行程序代码的编写,可以大大简化程序设计任务。

在 Visual Basic 中,过程可分为 Sub 过程和 Function 过程两大类。

● Sub 过程:是以 Sub 保留字开始的子过程,完成一定的操作功能,子过程名无返回值。

● Function 过程:是以 Function 保留字开始的过程,为函数过程,是用户自定义的函数,函数名有返回值。

Visual Basic 工程文件(.vbp)包含了组成应用程序的所有窗体模块文件(.frm)、标准模块文件(.bas)、类模块文件(.cls)及其他模块文件,也包含环境设置方面的信息,如图 6.1 所示。

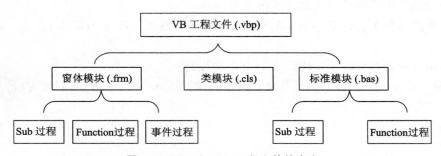

图 6.1 Visual Basic 工程文件的内容

窗体模块、标准模块和类模块都可以包含声明和过程,它们形成了工程的一种模块层次结构,可以较好地组织工程,同时也便于进行代码的维护。

1. 窗体模块(.frm)

每个窗体对应一个窗体模块,窗体模块是大多数 Visual Basic 应用程序的基础。窗体模块可以包含处理事件的过程、通用过程,以及变量、常数、类型和外部过程的窗体级声明。如果要在文本编辑器中观察窗体模块,则还会看到窗体及其控件的描述,包括它们的属性设置值。写入窗体模块的代码是该窗体所属的具体应用程序专用的,它也可以引用该应用程序内的其他窗体或对象。

窗体模块保存在扩展名为.frm 的文件中。默认时应用程序中只有一个窗体,因此有一个以.frm 为扩展名的窗体模块文件。如果应用程序有多个窗体,就会有多个以.frm 为扩展名的窗体模块文件。

添加新窗体的步骤是选择"工程"→"添加窗体"命令,在打开的"添加窗体"对话框的"新建"选项卡中双击需要添加的窗体类型,新建的窗体将出现在工程窗口中。

2. 标准模块(.bas)

简单的应用程序可以只有一个窗体,应用程序的所有代码都驻留在窗体模块中。而当应用程序庞大复杂时,就要另加窗体。最终可能会发现在几个窗体中都有要执行的公共代码。为了不在每个需要调用该通用过程的窗体重复键入公共代码,可以创建一个独立的模块,它包括实现公共代码的过程,该独立模块称为标准模块。此后可以建立一个包含共享过程的模块库。标准模块(文件扩展名为.bas)是应用程序内其他模块访问的过程和声明的容器,它可以包含变量、常数、类型、外部过程和全局过程的全局(在整个应用程序范围内有效的)声明或模块级声明。写入标准模块的代码不必绑在特定的应用程序上,如果不用名称引用窗体和控件,则在许多不同的应用程序中可以重用标准模块。

在工程中添加标准模块的步骤如下。

(1)选择"工程"→"添加模块"命令,弹出"添加模块"对话框,如图 6.2 所示。

(2)在"添加模块"对话框的"新建"选项卡中双击"模块"图标,将打开新建标准模块窗口,如图 6.3 所示。

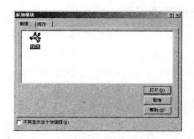

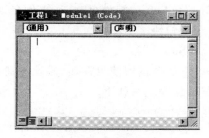

图 6.2 "添加模块"对话框   图 6.3 新建标准模块窗口

(3)在属性窗口修改模块的"名称"属性(只有此属性),给模块命名,接下来就可以在标准模块的代码窗口中编写程序。

3. 类模块(.cls)

在 Visual Basic 中类模块(文件扩展名为.cls)是面向对象编程的基础。可在类模块中编写代码建立新对象。这些新对象可以包含自定义的属性和方法。类模块既包含代码又包含数据,它可以被应用程序内的过程调用。实际上,窗体也是这样一种类模块,只不过在窗体上可安放控件、可显示窗体窗口。

6.1   Sub 过程

Sub 过程可以放在标准模块和窗体模块中,Visual Basic 的 Sub 过程分为事件过程和通用过程两大类。

6.1.1   事件过程

事件过程是由系统提供的,当某个事件发生时(如 KeyPress,Click,Load 等),对该事件做出响应的程序段。事件过程是附加在窗体和控件上的,通常总是处于空闲状态,直到响应用户或系统引发的事件时才被调用。前面各章中使用的都是事件过程。事件过程是 Visual Basic 应用程序设计的核心。

1. 窗体事件过程

窗体事件过程定义为"Form_事件名",其格式如下。

Private Sub Form_<事件名>([参数列表])

    语句块

End Sub

在事件过程中只能使用 Form,只有在程序中对窗体进行引用时才会用到窗体名称。如果正在使用 MDI(Multiple Document Interface)多文档窗体,则事件过程定义为"MDIForm_事件名"。

例如,运行程序后,单击窗体则会使窗体(假设窗体名称为 myForm)的标题变为"VB 程序示例"的代码编写如下。

```
Private Sub Form_Click()
    myForm.Caption= "VB 程序示例"
End Sub
```

2. 控件事件过程

控件事件过程的定义是"控件名_事件名",其格式如下。

Private Sub <控件名>_<事件名>([参数列表])

    语句块

End Sub

例如,单击命令按钮使得标签(假设标签名称为 myLabel)中的文字变为"VB 程序示例"的事件过程的代码编写如下。

```
Private Sub Command1_Click()
    myLabel.Caption= "VB 程序示例"
End Sub
```

在代码编辑器窗口建立事件过程。打开代码编辑器窗口有以下几种方法。

(1)在设计窗体上双击窗体或控件,就打开了代码编辑器窗口,并会出现该窗体或控件的默认过程代码。

(2)单击"工程资源管理器"窗口的"查看代码"按钮。

(3)选择"视图"→"代码窗口"命令。

在代码窗口中不要随意改变事件或对象名称,如果想改变对象名称,则应该通过属性窗口来改变。

6.1.2 通用过程

在实际应用程序开发的过程中,往往在应用程序中会多次用到相同或相似的代码。为了避免程序代码的重复,使程序结构更加清晰,可以将这些相同或相似的程序片段独立出来,作为一个"公共"的程序段落,当需要时调用该程序段落并指定不同的参数就可以实现该程序段落所规定的功能,这种程序段落就叫做"通用过程"。通用过程既可以保存在窗体模块中,也可以保存在标准模块中。

通用过程与事件过程不同,通用过程并不是由对象的某种事件激活,也不依附于某一对象,故其创建的方法略有区别。建立通用过程有两种方法:直接在代码编辑窗口中输入过程代码,或者选择"工具"→"添加过程"命令,在弹出的"添加过程"对话框中设置。

1. 在代码编辑窗口中输入过程代码建立通用过程

在代码编辑窗口中,把光标定位在已有过程代码的外面,然后直接输入通用过程代码。其语法格式如下。

    [**Public** | **Private**][**Static**] **Sub** <子过程名>([<形参列表>])

        [局部变量或常数声明]

        [<语句块>]

[**Exit Sub**]

[<语句块>]

End Sub

功能:定义一个以子过程名为名的 Sub 过程,Sub 过程名不返回值,而是通过形参与实参的传递得到结果,调用时可得到多个参数值。

说明:

(1)Public:可选项,缺省值。使用 Public 时表示所有模块的所有其他过程都可以调用该 Sub 过程。

(2)Private:可选项。使用 Private 时表示只有本模块中的其他过程才可以调用该 Sub 过程。

(3)Static:可选项。使用 Static 时表示 Sub 过程中的局部变量是静态变量。如果使用该选项,则 Visual Basic 只给过程中的所有局部变量分配一次存储空间,在过程被调用后,其值仍然保留。如果没有使用该选项,则局部变量是动态的,每次调用该 Sub 过程时,其中的局部变量都要被重新初始化,即每次调用 Sub 过程时,局部变量的初始值都为 0(或空字符)。

(4)子过程名:Sub 过程的名称,命名规则与变量名的命名规则相同。

(5)形参列表:可选项。用来指明从调用过程传递给 Sub 过程的参数个数及类型。多个变量之间用逗号隔开。参数表内的参数称为形式参数(简称形参)。形参列表的格式如下。

[**ByVal** | **ByRef**]<变量名>[( )][**As** <类型>]

其中,ByVal 为可选项,表示该参数按值传递;ByRef 为可选项,缺省值,表示该参数按地址传递。变量名遵循变量名命名规则,( )当参数为数组时使用。As <类型>为可选项,用于声明参数的数据类型。

(6)局部变量或常数声明:用来声明在过程中定义的变量和常数。可以用 Dim 等语句声明。

(7)语句块:可选项。语句块中可以有一条或多条 Exit Sub 语句。

(8)Exit Sub:从 Sub 过程中退出。它常常与选择结构(If 或 Select Case 语句)联用,即当满足一定条件时,退出 Sub 过程。

(9)End Sub:用于结束本 Sub 过程。当程序执行 End Sub 语句时,退出该过程,并立即返回到调用处继续执行调用语句的下一句。

(10)Sub 过程可以获取调用过程传送的参数,也能通过参数表的参数,把计算结果传回给调用过程。

(11)Sub 过程不能嵌套定义。也就是说,在 Sub 过程内不能定义 Sub 过程或 Function 过程。但 Sub 过程可以嵌套调用。

(12)Sub 过程可以无形式参数,但括号不能省略。

例如,在代码编辑器中直接输入以下过程代码。

```
Public Sub showhy()
    MsgBox("欢迎来到 VB 世界")
End Sub2.
```

2. 使用"添加过程"对话框建立通用过程

使用添加过程对话框建立通用过程的步骤如下。

(1)打开要添加过程的代码编辑器窗口。

(2)选择"工具"→"添加过程"命令,弹出"添加过程"对话框,如图 6.4 所示。

(3)在"名称"文本框中输入过程名,如"showhy"。从"类型"选项组中选择过程类型,如"子程序"。从"范围"选项组中选择范围,相当于使用 Public 或 Private 关键字,如选择"公有的"。

(4)单击"确定"按钮后,则在代码编辑器窗口中

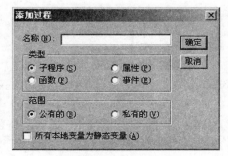

图 6.4 "添加过程"对话框

就创建一个名为 showhy 的过程代码：

```
Public Sub showhy()


End Sub2.
```

6.1.3　通用过程的调用

定义好一个 Sub 过程之后，要让其执行，则必须使用 Call 语句调用该过程。每次调用过程都会执行 Sub 和 End Sub 之间的语句列。

Sub 过程的调用有以下两种方式。

　　方式 1：Call 过程名([实参列表])

　　方式 2：过程名 [实参列表]

说明：

(1)过程名：要调用的 Sub 过程名。

(2)实参列表：调用过程中，要传递给 Sub 过程形参的值，可以是变量、常量或表达式。各个参数之间用逗号分开。如果参数是数组，则要在数组名之后加上一对空括号。

(3)用 Call 语句调用一个 Sub 过程时，如果过程本身没有参数，则省略实参列表和括号。

(4)方式 2 省略了 Call 关键字，同时实参列表两边也不能带括号。

例如，对过程 Sub showhy 可采用如下方式调用。

```
Call showhy
Showhy
```

在大多数情况下，通常是在事件过程中调用过程。但由于事件过程也是过程(Sub 过程)，因此也可以被其他过程调用。

【例 6.1】　求 S＝3! ＋4! ＋5! 的值。

分析：要计算 S＝3! ＋4! ＋5!，先要分别计算出 3!、4! 和 5!。由于三个求阶乘的运算过程完全相同，因此可以通过 Sub JC 过程来计算任意阶乘 n!，每次调用 JC 过程前给 n 一个值，在 Sub 过程中将所求结果放入到 total 变量中，返回主程序后 tot 变量接收 total 的值。这样三次调用子程序便可求出 S 的值。

JC 通用过程代码编写如下。

```
Sub JC(Byval n As Integer,total As Long)
Dim i As Integer
total= 1
For i= 1 To n
  total= total* i
Next i
End Sub
```

命令按钮的 Click 事件代码为：

```
Private Sub Command1 _Click()
Dim tot As Long,m As Long
  Call JC(3,tot)
  m= tot
```

```
        Call JC(4,tot)
        m= m+ tot
        Call JC(5,tot)
        m= m+ tot
        Print"3! + 4! + 5! = "; m
    End Sub
```

单击命令按钮,运行结果如图 6.5 所示。

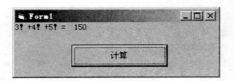

图 6.5　运行结果

【**例 6.2**】　编写一个计算矩形面积的 Sub 过程,通过该过程计算矩形面积。

计算面积的 MJ 通用过程如下。

```
    Sub MJ(A As Integer,B As Integer)
        Dim Area As Integer
        Area= A* B
        MsgBox"矩形的面积为:"& Area
    End Sub
```

窗体的 Click 事件代码如下。

```
    Private Sub Form_Click()
        Dim E As Integer,F As Integer
        E= Val(InputBox("请输入矩形的长"))
        F= Val(InputBox("请输入矩形的宽"))
        MJ E,F
    End Sub
```

 6.2 Function 过程

函数是过程的另一种形式,当过程的执行返回一个值时,使用函数就比较简单。Visual Basic 包含了许多内部函数,如 Sin、Date、Rnd 等。用户编写程序时,只需写出一个函数名并给定参数就能得出函数值。当在程序中需要多次用到某一公式或要处理某一函数关系,而又没有现成的内部函数可以使用时,Visual Basic 允许使用 Function 语句编写用户自定义的 Function(函数)过程。

6.2.1　Function 过程的定义

1. Function 过程的含义

与 Sub 过程一样,Function 过程也是一个独立的过程,可读取参数,执行一系列语句并改变其参数的值。与 Sub 过程不同的是,Function 过程可返回一个值到调用的过程。Function 过程的格式如下。

　　　　[Public｜Private] [Static] Function <函数过程名>([<形参列表>])[**As** <类型>]

　　　　[局部变量或常数声明]

[＜语句块＞]

[＜函数过程名＞＝＜表达式＞]

[**Exit Function**]

[＜语句块＞]

[＜函数过程名＞＝＜表达式＞]

End Function

说明：

（1）Public：可选项，缺省值。使用 Public 时表示所有模块的所有其他过程都可以调用该 Function 过程。

（2）Private：可选项。使用 Private 时表示只有本模块中的过程才可以调用该 Function 过程。

（3）Static：可选项。使用 Static 时表示 Function 过程中的局部变量是静态变量。如果使用该选项，则 Visual Basic 只给过程中的所有局部变量分配一次存储空间，在过程被调用后，其值仍然保留。如果没有使用该选项，则局部变量是动态的，每次调用该 Function 过程时，其中的局部变量都要被重新初始化，即每次调用 Function 过程时，局部变量的初始值都为零（或空字符）。

（4）函数过程名：Function 过程的名称，命名规则与变量名的命名规则相同。

（5）形参列表：可选项。用法与 Sub 过程的形参列表的用法相同。

（6）As＜类型＞：可选项。Function 函数返回值的数据类型。与变量一样，如果没有 As 子句，默认的数据类型为 Variant 类型。

（7）表达式：可选项。Function 过程通过赋值语句"＜函数过程名＞＝＜表达式＞"将函数的返回值赋给函数过程名。如果省略"＜函数过程名＞＝＜表达式＞"，则该 Function 过程返回一个默认值：数值函数过程返回 0；字符串函数过程返回空字符串。因此，为了能使一个 Function 过程完成所指定的操作，通常要在过程体中为"函数过程名"赋值。

（8）Exit Function：从 Function 过程中退出。

（9）End Function：用于结束本 Function 过程。

2. 建立 Function 过程的方法

有以下两种建立 Function 过程的方法

（1）直接在代码窗口中输入 Function 过程。打开代码窗口，在代码窗口中的对象框中选择"通用"项，然后键入过程的第一条语句，例如，Function Fac(n as Integer)，按回车键后，窗口如图 6.6 所示。

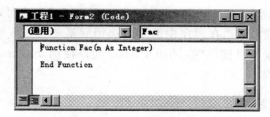

图 6.6　Function 过程的代码窗口

（2）使用"添加过程"命令。打开要创建过程的代码窗口，选择"工具"→"添加过程"命令，弹出"添加过程"对话框，在"名称"栏中输入要建立的过程名；在"类型"一栏内选择要建立的过程的类型；在"范围"一栏内选择过程的作用范围；单击"确定"按钮后，代码窗口如图 6.6 所示。

例如，下面是计算两个数的和的函数，函数名为 Sum，数据值的数据类型为 Integer，函数的形参为两个整型变量 A 和 B,返回值为两数之和,Function 过程代码如下。

```
Function Sum(A As Integer,B As Integer) As Integer
      Sum= A+ B
End Function
```

6.2.2 Function 过程的调用

调用函数 Function 过程的方法和调用 Visual Basic 的内部方法一样,在语句中直接使用函数名,Function 过程可返回一个值到调用的过程。其格式如下。

<函数过程名>([<实参列表>])

其中,函数过程名为要调用的 Function 过程的名称;实参列表为要传递给 Function 过程的变量、常量或表达式,各参数之间用逗号分开,如果是数组,在数组名之后必须跟一对空括号。

例如,下面的代码调用了求两个数的和的 Function 过程。

```
Text1.text= Sum(3,4)
```

另外,采用调用 Sub 过程的语法也能调用 Function 函数。当使用这种方法调用函数时,放弃函数的返回值。例如,下面的代码调用了同一个 Function 过程。

```
Call Sum(3,4)
Sum 3,4
```

函数可以没有参数,在调用无参函数时不发生虚实结合。调用无参函数得到一个固定的值,如下述无参函数的代码。

```
Function fact1()
     Fact1= "无参函数的调用示例!"
End Function
```

【例 6.3】 编写程序求 P＝5! /(3! ＋4!)的值,要求用 Function 过程实现。

在窗体通用段编写求阶乘的代码如下。

```
Function JC(j As Integer)
   Dim i As Integer,t As Long
     t= 1
     For i= 1 To j
        t= t* i
     Next i
     JC= t
End Function
```

再编写事件 Form_Click 过程代码如下。

```
Private Sub Form_Click()
     Print"P= "; JC(5)/(JC(3)+ JC(4))
End Sub
```

运行时,在窗体中单击,执行事件过程 Form_Click。在该事件过程中,调用三次 Function JC 过程,分别将 5、3、4 传递给 j,计算出 5!、3!、4!,并分别通过“JC＝t”语句将其值返回。

可以看出,调用 Function 过程与调用内部函数的方法是相同的。

【例 6.4】 编写一个函数,统计字符串中汉字的个数。

分析:在 Visual Basic 中字符是以 Unicode 码存放,每个西文字符和汉字都占两个字节。

两者的区别是汉字的机内码的最高位为 1,若利用 Asc 函数求其码值为小于 0(数据以补码表示),而西文字符的最高位为 0,利用 Asc 函数求其码值为大于 0。因此实现该功能的过程如下。

```
Public Function CountC(ByVal s As String)As Integer
    Dim i% ,t% ,k% ,c$
    For i= 1 To Len(s)
        c= Mid(s,i,1)                          '取一个字符
        If Asc(c)< 0 Then k= k+ 1              '汉字数加 1
    Next i
    CountC= k
End Function


Private Sub Command1_Click()
Dim c1%
c1= CountC(Text1.Text)                          '调用 CountC 函数
Picture1.Print Text1.Text; Tab(20);"有"; c1;"个汉字数"
                                    '在 Picture1 中显示统计结果

End Sub
```

运行结果如图 6.7 所示。

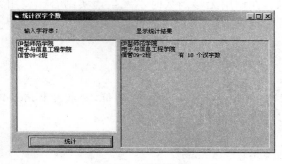

图 6.7 运行结果

6.3 参数传递

调用过程的目的,就是在一定的条件下完成某一工作或计算某一数值。调用过程时可以把数据传递给过程,也可以把过程中的数据传递回来。在调用过程中,必须考虑调用过程和被调用过程之间的数据的调用方式。在 Visual Basic 中用参数来实现主调过程和被调过程间的数据传递。

通常编制一个过程时,要考虑它需要输入哪些量,处理后输出哪些量。正确地提供一个过程的输入数据和正确地引用其输出数据,是使用过程的关键问题,也就是调用过程和被调用过程之间的数据传递问题。

当调用一个有参数的过程时,首先进行的是形参与实参的结合,实现调用过程的实参与被调用过程的形参之间的数据传递。数据传递有按值传递和按地址传递两种方式。

6.3.1 形参与实参

在被调用过程中的参数是形参,出现在 Sub 过程和 Function 过程中。在过程被调用之前,系统并未给形参分配内存空间,只是说明形参的类型和在过程中的作用。形参列表中的各参数之间用逗号分隔,形参可以是变量名和数组名,但不能是定长字符串变量。

在主调过程中的参数是实参,当过程调用时实参将数据传递给形参。实参列表可由常量、表达式、有效的变量名、数组名组成,实参列表中各参数用逗号分隔。在调用过程时,实参被插入形参中的各变量处进行"形实结合"。形实结合是按位置结合的,即第一个实参与第一个形参结合,第二个实参与第二个形参结合,以此类推。实参向形参的传递过程如图6.8所示。

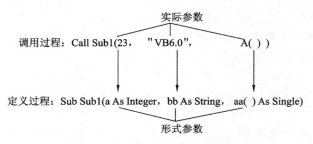

图 6.8 实参向形参的传递

形参列表和实参列表中的对应变量名可以不同,但实参和形参的个数、顺序及数据类型必须相符。所谓类型相符,是指对于变量参数就是类型相同,对于值参数则要求实际参数对形式参数的赋值相容。

6.3.2 使用可选参数

1. 定义可选参数

一个过程在声明时定义了几个形参,在调用这个过程时就必须使用相同数量的实参。Visual Basic 允许在形参前面使用 Optional 关键字把它设定为可选参数。Optional 关键字可以与 ByVal、ByRef 关键字同时修饰一个参数。如果一个过程的某个形参为可选参数,则调用此过程时可以不提供对应于这个形参的实参。如果一个过程有多个形参,则当它的一个形参设定为可选参数时,这个形参之后所有的形参都应该用 Optional 关键字定义为可选参数。

2. 调用可选参数

调用一个具有多个可选参数的过程时,可以省略它的任意一个或多个可选参数。如果被省略的不是最后一个参数,那么其位置要用逗号保留。如 Call Sub1(int1,,int2)表明省略了第二个参数。若一个可选参数都没有被省略,则调用语句的实际参数与非可选参数相同。未得到实参值的形参在调用时被赋以形参类型的默认值。

【例 6.5】 建立一个过程以计算两个数据的和,它也可以有选择地加上第三个数。在调用时,既可以给它传递两个参数,也可给它传递三个参数。

为了定义带可选参数的过程,必须在参数表中使用 Optional 关键字,并在过程体中通过IsMissing 函数来测试调用时是否传递可选参数。其过程代码如下。

```
Sub SUM(a As Integer,b As Integer,Optional c)
    n= a+ b
    If Not IsMissing(c)Then
        n= n+ c
    End If
    Print n
End Sub
```

在调用上面的过程时,可以提供两个参数,也可提供三个参数,都能得到正确的结果。例如,如果用下述事件过程调用:

```
Private Sub Form_Click()
    SUM 10,20
End Sub
```

结果为 30。如果用下述事件过程调用:

```
Private Sub Form_Click()
    SUM,20,30
End Sub
```

结果为 60。

上述过程只有一个可选参数,也可以有两个或多个可选参数。但应注意可选参数必须在参数的最后,并且一般为 Variant 类型。

3. 可选参数的缺省值

由前述可知,一个可选参数被省略时,调用时赋给形参的是它的数据类型的默认值。如果希望在省略一个可选参数时,能够赋给形参一个其他特定的值,就要用到给可选参数设定默认值的方法。可以在声明过程中,通过给可选参数赋值的方法来设定可选参数的默认值。当调用此过程时即使未提供相应实参的值,形参也会以它的默认值来运行程序。

例如:为可选参数指定缺省值(如 mysub1),过程如下。

```
Sub mysub1(var1 As String,Optional var2 As Integer= 10)
    '第二个参数可选,设定默认值时要注意,赋值号要放在类型名称的后面
    Text1.Text= var1
    Text2.Text= var2   '此时将 var2 变量的值 10 赋给 Text2.Text
End Sub
```

4. 使用 ParamArray 关键字

一般来说,过程调用中的参数个数应等于过程说明的参数个数。如果使用 ParamArray 关键字,则过程可以接受任意个数的参数。

例如,可以定义一个可变参数过程,用这个过程求任意多个数的和。

```
Sub SUM(ParamArray Num())
    n= 0
    For Each i In Num
    n= n+ i
    Next i
    Print n
End Sub
```

可以用任意一个参数调用上述过程,如:

```
Private Sub Form_Click()
    Sum 10,20,30,40
End Sub
```

输出结果为 100。

6.3.3　值传递与地址传递

传递参数的方式有两种：如果调用语句中的实际参数是常量或表达式，或者定义过程是选用 ByVal 关键字，就可以按值传递。如果调用语句中的实际参数是变量，或者定义过程是选用 ByRef 关键字，就可以按地址传递。

1. 按值传递参数

按值传递参数时，Visual Basic 给传递的形参分配一个临时的内存单元，将实参的值传递到这个临时内存单元中。实参向形参的传递是单向的，如果在被调用的过程中改变了形参的值，则只是临时内存单元的值变动，不会影响实参变量本身。当被调用过程结束返回主调过程时，Visual Basic 将释放形参的临时内存单元。

当要求变量按值传递时，可以先把变量变成一个表达式，把变量转换成表达式的最简单的方法就是把它放在括号内。例如把变量"A"用括号括起来，"(A)"就成为一个表达式了。或者定义过程时用 ByVal 关键字指出参数是按值来传递的。

【例 6.6】　用函数过程编写程序，求 a、b 两数中的较大数。

max 函数为求最大数的函数，在 Command1_Click 事件中调用 max 函数，其程序代码如下。

```
Private Function max(ByVal x As Integer,ByVal y As Integer)
    Dim z As Integer
    If x <  y Then
      z= x:x= y:y= z
    End If
    max= x
    Text3.Text= x
    Text4.Text= y
End Function


Private Sub Command1_Click()
    Dim a As Integer,b As Integer,c As Integer
    a= Val(Text1.Text)
    b= Val(Text2.Text)
    Text7.Text= max(a,b)
    Text5.Text= a
    Text6.Text= b
End Sub
```

当在文本框 Text1 和 Text2 中输入变量 a 为 7，b 为 8 时，运行结果如图 6.9 所示，被调函数 max 中的 x 和 y 分别为 8 和 7，而主调函数中的 a 和 b 仍为 7 和 8。

数据的传递过程如下：通过函数调用，给形参 x 和 y 各分配一个临时内存单元，将实参 a 和 b 的数据传递给形参。在被调函数中 x、y 和 z 交换数据，调用结束后实参单元 a 和 b 仍保留原值，参数的传递是单向的，如图 6.10 所示。

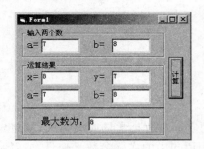

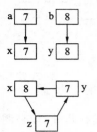

图 6.9　运行结果　　　　　　　　　图 6.10　按值传递参数的过程

2. 按地址传递参数

按地址传递参数,是指把形参变量的内存地址传递给被调用过程,形参和实参具有相同的地址,即形参、实参共享一段存储单元。因此,在被调过程中改变形参的值,则相应实参的值也被改变,也就是说,与按值传递参数不同,按地址传递参数可以在被调过程中改变实参的值。系统缺省情况下是按地址传递参数。在传址调用时,实参必须是变量,常量或表达式无法传址。

如果将例 6.6 中求两数中最大数的程序改为按址传递,则 max 函数的代码编写如下。

```
Private Function Max(x As Integer,y As Integer)
……
End Function
```

其他程序代码不变,当输入变量 a 为 7、b 为 8 时,程序运行结果如图 6.11 所示。

由于形参和实参共用同一个内存单元,在被调用函数中交换 x 和 y 的数值后,a 和 b 的数值也同样发生变化。形参与实参的数据传递如图 6.12 所示。

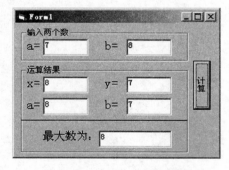

图 6.11　地址传递示例界面　　　　　图 6.12　按址传递参数的过程

3. 实参与形参结合时应注意的问题

(1)个数、顺序、类型一致。实参表与形参表中变量名不必相同,但两表中的个数必须相同,而且各实际参数的数据类型的书写顺序必须与相应形式参数的类型一致。

(2)形参是值传递时,对应实参可以是表达式、常量、数组元素。

(3)形参是地址传递时,对应实参只能是简单变量,而且是声明了的与形参一致的类型。

(4)数组、记录类型、对象做参数时只能是采用按地址传递方式。

(5)当实参是对象的属性时,是值传递方式,即使形参是地址传递方式,也不会改变实参的值,也即不会改变对象的属性值。

6.3.4　数组参数传递

整个数组可以作为一个实参传递给过程,但是要求过程在声明时相应的形参应加空格来表明是数组。调用时,相应的实参必须是数组,只要数组名,不必加括号。

调用子过程或函数过程时,可以将数组或数组元素作为参数进行传递。使用数组元素传递是值传递方式。传递整个数组时,在实际参数与其所对应的形式参数都必须写上所要传递的数组名称和一对小圆括号,如 arr()。在被调程序中,不可再用 Dim 语句来定义所要传递的数组。但是使用动态数组时,可以用 Redim 语句改变形参数组的维数,重新定义数组的大小。当返回调用过程时,对应的实参数组的维数也随之发生变化。

数组作为参数时必须是按地址传递,不能使用 ByVal 关键字修饰。形参与实参共用同一段内存单元,形参数组与实参数组的数据类型应一致。

例如,有以下程序:

```
Sub subP(b()As Integer)
    For i= 1 To 4
        b(i)= 2 * i
    Next i
End Sub


Private Sub Command1_Click()
    Dim a(1 To 4)As Integer
    a(1)= 5:  a(2)= 6:  a(3)= 7:  a(4)= 8
    subP a     '或者 subP a()
    For i= 1 To 4
        Print a(i)
    Next i
End Sub
```

上述程序的主调程序 Command1_Click 的调用语句 subP a 中,实参数组 a 可以带括号也可以省略,形参数组 b 一定要带上空的括号,不能加下标。

如果要传递数组中的某一元素,则只需在 Call 语句中直接写上该数组元素。例如:Call sub1(arr(3),10)。

【例 6.7】 折半查找法举例。

分析:已知一个数组 a(m To n)中各元素的值是从小到大排列的,其中有一个元素的值为 b。编程求出这个元素的下标。

对于这个问题,最容易想到的方法就是顺序查找法。顺序查找法是从数组的第一个元素开始逐个比较,虽然编程简单,但是执行效率却很低。在一个有 k 个元素的数组中查找一个值,平均需要进行 k/2 次比较。如果数组中有 15 个元素,则平均比较 7.5 次。

相比之下,折半查找法是比较高效的查找方法。

折半查找法的思路是:先拿被查找数与数组中间的元素进行比较,如果被查找数大于元素值,则说明被查找数位于数组中的后面一半元素中。如果被查找数小于数组中中间元素值,则说明被查找数位于数组中的前面一半元素中。接下来,只考虑数组中包括被查找数的那一半元素。拿剩下这些元素的中间元素与被查找数进行比较,然后根据所在的大小,再去掉那些不可能包含被查找值的一半元素。这样,不断地减少查找方位,直到最后只剩下一个数组元素,那么这个元素就是被查找的元素。当然,也不排除某次比较时,中间的元素正好是被查找元素。折半查找中应该注意的是,如果数组中(或中间过程中)的元素个数是偶数,就没有一个元素正好位于中间,这时取中间偏前或中间偏后的元素来与被查找值进行比较不会影响查找结果的正确性。

下面的函数 Search1 使用折半查找的方法从数组 a 中查找 b 值所在的元素,并返回它的下标。其程序代码编写如下。

```
Function search1(a()As Integer,b As Integer)As Integer
    Dim m,n,int1 As Integer
    m= LBound(a)
    n= UBound(a)
    Do
        int1= (m+ n)\ 2            '找到中间元素的下标
        If b <  a(int1) Then       '被查找值位于前半部分
          n= int1- 1
        ElseIf b >  a(int1) Then    '被查找值位于后半部分
          m= int1+ 1
        Else                        '被查找值恰好是中间元素
          Search1= int1
          Exit Function
        End If
        If m= n Then                '只剩一个元素
          Search1= m
          Exit Function
        End If
    Loop
End Function
```

分析程序,当被查找值正好是数组的第一个或最后一个元素时,函数 Search2 能否正确执行?

虽然使用折半查找方法的编程稍微复杂一些,但是它的查找效率比顺序查找高得多。在 k 个元素中查找一个值,进行比较的次数不会超过 $(\log_2 k)+1$ 次。如果 k 为 15,则折半次数不会超过 4 次。当 k 的值很大时,折半查找的优势就更能体现出来了。

折半查找的局限在于,数组中的元素必须是排序了的(递增或递减)。否则,折半查找就无能为力了,只能尝试其他的查找方法,如顺序查找法等。

6.3.5 对象参数

Visual Basic 中的对象也可以作为形参,即对象可以向过程传递,对象的传递只能是按地址传递。对象作为形参时,形参变量的类型声明为"Control",或者声明为控件类型,例如形参类型声明为"Label"或"Form",则表示可以向过程传递标签控件或窗体。

6.4 嵌套调用与递归调用

在一个过程(Sub 过程或 Function 过程)中调用另外一个过程,称为过程的嵌套调用。而过程直接或间接地调用其自身,则称为过程的递归调用。

6.4.1 嵌套调用

Visual Basic 的过程定义是互相平行和独立的,也就是说定义过程时,一个过程内可以包含另一个过程。虽然不能嵌套定义过程,但 Visual Basic 中可以嵌套调用过程,也就是主程序可以调用子程序,在子程序中还可以调用另外的子程序,这种程序结构称为过程的嵌套,如图 6.13 所示。

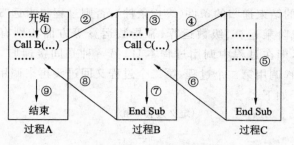

图 6.13　过程的嵌套

图 6.13(图中的数字表示执行顺序)清楚地表示,主程序或子程序遇到调用子过程语句就转去执行子过程,而本程序的余下的部分需等到子过程返回后才能继续执行。

【例 6.8】　编写函数 Function 过程,得出 1! +2! +3! +4! +5! 的值。

分析:设计两个 Function 过程,通过两个过程的嵌套调用来求解。一个过程实现计算阶乘功能,一个过程实现累加功能。其程序代码如下。

```
Option Explicit    '强制要求所有变量先声明,后使用
Private Sub Command1_Click()
    Dim n As Integer
    n= Val(InputBox("请输入要累加的最大值!"))
    Print Sigma(n)
End Sub


Function Sigma(m As Integer)As Integer
  Dim i As Integer,sum As Double
  sum= 0
  For i= 1 To m
      sum= sum+ Fact(i)
  Next i
Sigma= sum
End Function

Function Fact(k As Integer)As Integer
  Dim i As Integer,f As Integer
  f= 1
  For i= 1 To k
      f= f * i
  Next i
  Fact= f
End Function
```

6.4.2　递归调用

过程的递归调用是指一个过程调用过程本身;也就是说,实现过程的自我嵌套。

采用过程的递归调用方法来解决问题时,必须符合以下两个条件:

(1)可以把要解决的问题转化为一个新的问题,而这个新的问题的解法与原来的解法相同;

(2)有一个明确的结束递归的条件(终止条件),否则过程将永远"递归"下去。

递归调用在完成阶乘运算、级数运算、幂指数运算等方面特别有效。递归分为两种类型:一种是直接递归,即在过程中调用过程本身;另一种是间接递归,即间接地调用一个过程。例如,第一个过程调用第二个过程,第二个过程又回过头再来调用第一个过程。

直接递归的例子如下。

```
Private Sub Subl()          '定义过程 Subl
  ...
    Call Subl               '调用自身
  ...
End Sub
```

间接递归的例子如下。

```
Private Sub SubA()          '定义过程 SubA
  ...
    Call SubB               '调用 SubB
  ...
End Sub
Private Sub SubB()          '定义过程 SubB
  ...
    Call SubA               '调用 SubA
End Sub
```

下面以计算阶乘为例,介绍递归过程的编制方法。

求阶乘的 Function 过程 Fact(n)可以使用递归过程。容易发现:

$Fact(n) = N! = n * (n-1)! = n * Fact(n-1)$

$$Fact(n-1) = (n-1) * Fact(n-2)$$

$$...$$

$$Fact(2) = 2 * Fact(1)$$

$$Fact(1) = 1$$

其规律就是:$Fact(n) = n * Fact(n-1)$。这个式子很容易用递归函数实现,关键在于当调用 Fact(1)时,必须停止递归调用,同时返回值。阶乘的数学模型如下。

$$Fact(n) = \begin{cases} n * Fact(n-1) & (n>1) \\ 1 & (n=1) \end{cases}$$

下面是使用了递归的 Fact 函数。

```
Private Function Fact(n As Integer)As Integer
  If n= 1 Then
    Fact= 1
  Else
    Fact= n * Fact(n- 1)       '递归调用
  End If
End Function                   '返回
```

这样,在其他过程中如果使用 f1=Fact(5)这样的语句来调用函数,就会返回 5! 的值。

实际的计算过程如图 6.14 和图 6.15 所示。

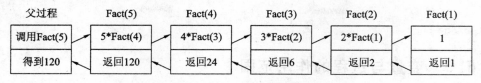

图 6.14　Fact(5)的递归过程

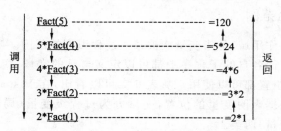

图 6.15　5！的递归过程

因为递归有它本身的特点，所以有意识地使用可以解决一些复杂的问题。甚至有些问题非得使用递归来解决不可。要使用递归，一个关键的问题是要及时地返回值。

使用递归过程时我们还应该注意以下事项：递归过程可以简化程序，但一般不能提高程序的执行性能。直接递归过程不断地调用其本身，而间接递归会调用两个或更多的过程，这样对内存占用是巨大的，所以，在递归中应尽量少用过程级变量。

可以想象，递归调用的过程可能像一个无底深渊，永远不能返回。一个过程进行递归调用，每一次调用它本身，就和调用一个新的过程一样，它的所有的局部变量都要在内存中重新建立一份，直到耗尽系统资源并出现"堆栈溢出错误"为止。所以说，无意识地使用递归过程是极易出错的。

【例 6.9】　编程计算第 n 个契比雪夫多项式在给定 x 位置的值。契比雪夫多项式如下。

$$T(n,x)=\begin{cases}1 & n=0 \\ x & n=1 \\ 2xT(n-1,x)+T(n-2,x) & n\geq 2\end{cases}$$

分析：由于契比雪夫多项式是递归定义的，故可以用递归来实现。

主调程序代码如下。

```
Private Sub Command1_Click()
  Dim m As Integer,y As Single
  m= Val(Text1.Text)
  y= Val(Text2.Text)
  Text3.Text= fnt(m,y)
End Sub
Private Function fnt(n As Integer,x As Single) As Single
    If n= 0 Then
    fnt= 1
    ElseIf n= 1 Then
    fnt= 1
    Else
```

```
    fnt= 2 * x * fnt(n- 1,x)- fnt(n- 2,x)
  End If
End Function
```

6.5　变量与过程的作用范围

6.5.1　变量的作用范围

变量的作用范围(作用域)是指变量能被某一过程识别的范围。当一个应用程序出现多个过程或函数时,在它们各自的子程序中都可以定义自己的常量、变量,但这些常量或变量并不是在程序中任何位置都可以使用。从表 6.1 可以看出,在 Visual Basic 中,可以在过程或模块中声明变量,根据声明变量的位置,变量分为过程级变量(局部变量)和模块级变量(窗体级变量和全局变量)两类。

表 6.1　不同作用范围的三种变量声明及使用规则

作 用 范 围	局 部 变 量	窗体/模块级变量	全 局 变 量	
			窗体	标准模块
声明方式	Dim、Static	Dim、Private	Public	
声明位置	在过程中	窗体/模块的"通用声明"段	窗体/模块的"通用声明"段	
能否被本模块的其他过程存取	不能	能	能	
能否被其他模块存取	不能	不能	能,但在变量名前要加窗体名	能

1. 过程级变量

在一个过程内部使用或用关键字声明变量时,只有该过程内部的代码才能访问或改变该变量的值。过程级变量的作用范围限制在该过程内部。例如:

```
Dim a As Integer,b As Single
Static s1 As String
```

如果在过程中未作说明而直接使用某个变量,则该变量也被当成过程级变量。用 Static 说明的变量在应用程序的整个运行过程中一直存在,而用 Dim 说明的变量只在过程执行时存在,退出过程后,这类变量就会消失。过程级变量通常用于保存临时数据。

过程级变量属于局部变量,只能在建立的过程内有效,即使是在主程序中建立的变量,也不能在被调用的子过程中使用。即局部变量的作用域仅限于它们自己所在的过程,使用局部变量的程序比仅使用全程变量的程序更具有通用性。

【例 6.10】　过程级局部变量实例。

程序代码如下。

```
Private Sub Command1_Click()
  Dim a As Integer,b As Integer,c As Integer    '过程级局部变量
  a= 10:  b= 20
  Print
  Print Tab(20);"a"; Tab(30);"b"; Tab(41);"c"
```

```
    Print
    Print Tab(5);"调用 Mul 前"; Tab(19); a; Tab(29); b; Tab(40); c
    Print
    Call Mul                 '调用 Mul 过程
    Print
    Print Tab(5);"调用 Mul 后"; Tab(19); a; Tab(29); b; Tab(40); c
    Print
    Print Tab(5);"调用 Sum 前"; Tab(19); a; Tab(29); b; Tab(40); c
    Print
    Call Sum                 '调用 Sum 过程
    Print
    Print Tab(5);"调用 Sum 后"; Tab(19); a; Tab(29); b; Tab(40); c
End Sub

Sub Mul()    '通用过程
    Dim a As Integer,b As Integer,c As Integer    '过程级局部变量
    c= a * b
    Print Tab(5);"Mul 子程序"; Tab(19); a; Tab(29); b; Tab(40); c
End Sub

Sub Sum()    '通用过程
    Dim a As Integer,b As Integer,c As Integer    '过程级局部变量
    c= a+ b
    Print Tab(5);"Sum 子程序"; Tab(19); a; Tab(29); b; Tab(40); c
End Sub
```

程序运行结果如图 6.16 所示，从运行结果可以看出，主程序中的变量没有带入子过程中。

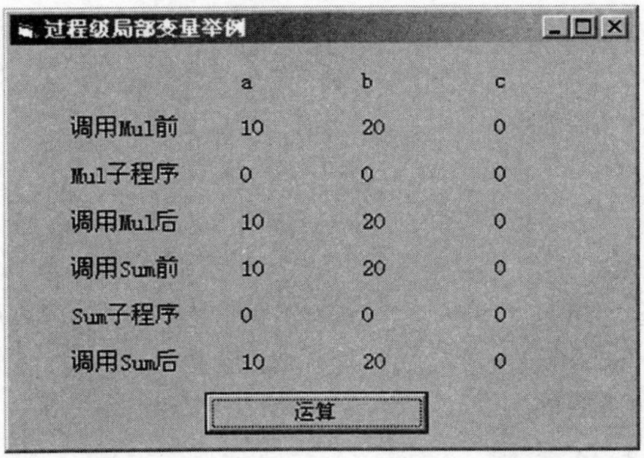

图 6.16　运行结果

一个较复杂的程序可能有多个过程或函数。书写过程（函数）说明时，应该把注意力集中在一个相对独立的子过程内。其中所用到的变量名如果都是局部的，则无论怎样处理都不会影响到外界。如果用到非局部变量，一经改变就会影响到外界，考虑不周时容易引起麻烦，所以，为安全起见，过程（函数）体内应尽可能使用局部变量。

2. 模块级变量

在模块的通用段中声明的变量属于模块级变量。模块级变量分为窗体模块级和全局级两类。

1）窗体模块级变量

窗体模块级变量在声明它的整个模块的所有过程中都能使用，但其他模块却不能访问该变量。声明方法是在模块的通用段中使用 Private 或 Dim 关键字声明变量，例如：

```
Private s As String
Dim a As Integer,b As Single
```

2）全局级变量

全局级变量是在所有模块的所有过程中都能使用的内存变量。它的作用范围是整个应用程序。全局级变量的声明方法是在模块的通用声明段中使用关键字 Public 来声明变量，例如：

```
Public x As Integer,y As Double
```

把变量定义为全局变量虽然很方便，但这样会增加变量在程序中被无意修改的机会，因此，如果有更好的处理变量的方法，就不要声明全局变量。

【例 6.11】 全局变量实例。

```
Public a As Integer,b As Integer,c As Integer'写在"通用"的"声明"中
Private Sub Command1_Click()
  a= 10： b= 20
  Print
  Print Tab(20);"a"; Tab(30);"b"; Tab(41);"c"
  Print
  Print Tab(5);"调用 Mul 前"; Tab(19); a; Tab(29); b; Tab(40); c
  Print
  Call Mul                    '调用 Mul 过程
  Print
  Print Tab(5);"调用 Mul 后"; Tab(19); a; Tab(29); b; Tab(40); c
  Print
  Print Tab(5);"调用 Sum 前"; Tab(19); a; Tab(29); b; Tab(40); c
  Print
  Call Sum                    '调用 Sum 过程
  Print
  Print Tab(5);"调用 Sum 后"; Tab(19); a; Tab(29); b; Tab(40); c
End Sub
Sub Mul()   '通用过程
  c= a * b
  Print Tab(5);"Mul 子程序"; Tab(19); a; Tab(29); b; Tab(40); c
End Sub
Sub Sum()   '通用过程
  c= a+ b
  Print Tab(5);"Sum 子程序"; Tab(19); a; Tab(29); b; Tab(40); c
End Sub
```

程序运行结果如图 6.17 所示。从程序运行结果可以看出，在模块级中用声明的全局变

量 a、b、c,在各个过程中都能访问和修改。

在不同的范围内应用程序可能会使用到多个同名的变量,例如可以有几个同名的局部变量,局部变量与模块变量同名,局部变量、模块变量与全局变量同名等情况出现。

如果不同模块中的全局变量使用同一名字,则通过同时引用模块名和变量名就可以在代码中将它们区分开。例如,如果有一个在 Form1 和 Moduel1 中都声明了的全局变量 Integer 变量 Sum,则将其作为 Moduel1. Sum 和 Form1. Sum 来引用便可得到正确值。

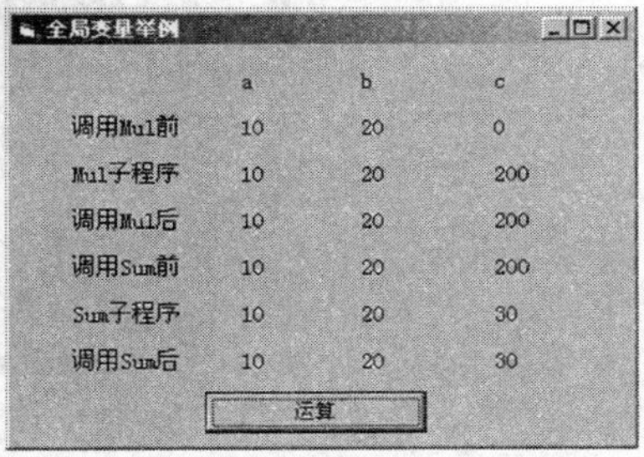

图 6.17　程序运行结果

当全局变量与局部变量同名时,全局变量和局部变量在不同的范围内有效。在过程内局部变量有效,而在过程外全局变量有效。

6.5.2　变量的生存期

变量除了作用范围外,还有生存期,也就是变量能够保持其值的时间。对于一个过程级变量来说,当程序运行进入该过程时,要分配给该变量一定的内存单元,一旦程序退出该过程,该变量占有的内存单元是释放还是保留? 在 Visual Basic 中,根据变量在程序运行期间的存活期,把变量分为静态变量(Static)和动态变量(Dynamic)两类。

动态变量是指程序运行进入变量所在的过程时,才分配该变量的内存单元,经过处理退出过程后,该变量占有的内存单元自动释放。当再次执行该过程时,所有的动态变量将重新初始化。使用 Dim 关键字在过程中声明的局部变量属于动态变量,在过程执行结束后变量的值不被保留,每一次重新执行过程时,变量重新声明。

静态变量是指程序运行进入该变量所在的过程中,修改变量的值并退出该过程后,其值仍被保留,即变量所占的内存单元没有释放。当以后再次进入该过程时,原来变量的值仍可以继续使用。模块级变量和全局变量的存活期是整个应用程序的运行期间。使用 Static 关键字在过程中声明的局部变量属于静态变量。

【例 6.12】　静态变量的应用示例。

编写一个测试过程 test,在过程内部声明动态变量 x、y,静态变量 m、n,并使变量 x、y、m、n 的值发生变化。

```
Sub test()
Dim x As Integer,y As String
Static m,n
x= x+ 1:m= m+ 1
y= y&"# ":n= n&"# "
Print"x= ";x,"m= ";m,"y= ";y,"n= ";n
End Sub
```

在窗体单击事件中调用 test 过程,编写代码如下。单击窗体两次后的运行结果如图6.18所示。

```
Private Sub Form_Click()
For i= 1 To 5
  Call test
Next
End Sub
```

127

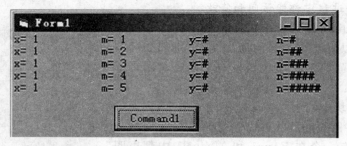

图 6.18　运行结果

为了使过程中所有的局部变量为静态变量,可在过程头前加上 Static 关键字。例如:

```
Private Static Function Fact(n As Integer)
```

这就使过程中的所有局部变量都变为静态变量,无论它们是用 Static、Dim 或 Private 声明的还是隐式声明的。

6.5.3　过程的作用范围

与变量有其作用范围相同,过程也有其作用范围,即过程的有效范围。在 Visual Basic 中,过程的作用范围分为模块级(或称文件级)和全局级(或称工程级)两种,如表 6.2 所示。

表 6.2　不同作用范围的两种过程定义及调用规则

作 用 范 围	模 块 级		全 局 级	
	窗体模块	标准模块	窗 体	标 准 模 块
定义方式	过程名前加 Private,例如 Private Sub MySub1(形参表)		过程名前加 Public 或默认。例如[Public]Sub MySub1(形参表)	
能否被本模块的其他过程调用	能	能	能	能
能否被本应用程序其他模块调用	不能	不能	能,但必须在过程名前加窗体名,例如 Call 窗体名.My2(实参表)	能,但过程名必须唯一,否则要加标准模块名,例如 Call 标准模块名.My2(实参表)

(1)模块级过程。如果在 Sub 或 Function 前加关键字 Private,则该过程是模块级过程,只能被本模块中的其他过程所调用,其作用域为本模块。

(2)全局级过程。定义过程时,如果在 Sub 或 Function 前加关键字 Public(系统默认为 Public),则该过程是全局级过程。全局级过程可被整个应用程序所有模块中定义的其他过程所调用,其作用域为整个应用程序(工程)。

在工程中的任何地方都能调用其他模块中的全局过程。调用其他模块中的过程的方法取决于该过程所属的模块是窗体模块、标准模块还是类模块。

1.调用窗体中的过程

所有窗体模块的外部调用必须指向包含此过程的窗体模块,其格式如下。

Call 窗体名.全局过程名[(实参表)]

例如,在窗体 Form2 中定义一个全局过程 Sub1,在窗体 Form1 中调用 Form2 中的 Sub1 过程的语句为:

　　　　Call Form2. Sub1(实参表)

2. 调用标准模块中的过程

如果过程名是唯一的,则调用时不必加模块名。无论是在模块内,还是在模块外调用,结果总会引用这个唯一的过程。如果有两个以上的模块包含同名的过程,则调用本模块内过程时不必加模块名,而调用其他模块的过程时必须以模块名为前缀。其格式如下。

　　　　Call [标准模块名.]全局过程名[(实参表)]

例如,对于 Module1 和 Module2 中名为 Sub1 的过程,从 Module1 调用 Module2 中的 Sub1 语句如下:

　　　　Call Module2. Sub1(实参表)

而不加 Module2 前缀时,则运行 Module1 中的 Sub1 过程。

3. 调用类模块中的过程

调用类模块中的全局过程,要求指向该类的某一实例作前缀。首先声明类的实例为对象变量,并以此变量作为过程名前缀,不可直接用类名作为前缀。其格式如下。

　　　　Call 变量.过程名[(实参表)]

例如,类模块 Calss1,类模块的过程 ClassSub,变量名为 ExClass,调用过程的语句为:

　　　　Dim ExClass As New Class1

　　　　Call ExClass. ClassSub(实参表)

【**例 6.13**】　全局过程的调用示例。运用不同的模块完成矩形的面积和周长的计算。

本例使用全局级过程的调用。在应用程序中包括两个窗体 Form1、Form2 和一个标准模块 Module1。在 Form1 窗体中定义了一个计算矩形面积的全局级 Function 过程,在标准模块 Module1 中定义了一个计算矩形周长的全局级 Function 过程。

在 form1. frm 窗体中定义如下代码。

```
Private Sub Command1_Click(Index As Integer)
    Dim a As Single,b As Single
    a= Val(Text1(0).Text)
    b= Val(Text1(1).Text)
    n= Index
    If n= 0 Then
        Label1(0).Caption= mianji(a,B)
    Else
        Label1(1).Caption= zhouchang(a,B)
    End If
End Sub

Private Sub Form_Load()
    Form2.Show
End Sub

Public Function mianji(x As Single,y As Single)As Single
```

```
        mianji= x * y
    End Function
```

在 form2.frm 窗体中定义如下代码：

```
Private Sub Command1_Click(Index As Integer)
    Dim a As Single,b As Single
    a= Val(Text1(0).Text)
    b= Val(Text1(1).Text)
    n= Index
    If n= 0 Then
        Label1(0).Caption= Form1.mianji(a,b)
    Else
        Label1(1).Caption= zhouchang(a,b)
    End If
End Sub
```

在 module1.bas 窗体中定义如下代码：

```
Public Function zhouchang(x As Single,y As Single)As Single
    zhouchang= 2 * (x+ y)
End Function
```

运行结果如图 6.19 所示。

6.5.4 Sub Main 过程

有时启动程序不需要加载任何窗体，而是先执行一段程序代码，比如在加载窗体前对一些条件进行初始化，或者是需要根据某种条件来决定显示几个不同窗体中的哪一个，这时可以通过在标准模块中创建一个 Sub Main 过程，即创建一个名为 Main 的 Sub 过程，把首先要执行的程序

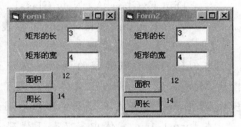

图 6.19 运行结果

代码放在该 Sub Main 过程中，并指定 Sub Main 过程为"启动对象"。在一个工程中只能有一个 Sub Main 过程。

设置 Sub Main 过程为启动对象的方法是，选择"工程"→"工程属性"命令，弹出相应的对话框，在其"通用"选项卡的"启动对象"下拉列表中选择 Sub Main，如图 6.20 所示。

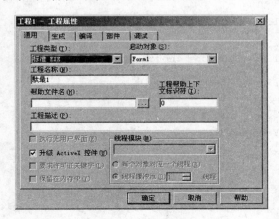

图 6.20 指定启动对象

当工程中含有 Sub Main 子过程时,应用程序装载窗体之前总是先执行 Sub Main 子过程。Sub Main 子过程通常用在需要先装入数据文件或需要显示一个登录对话框以确认用户的身份,或者需要根据数据文件的内容决定显示哪个窗体,又或者应用程序没有窗体的情况下。

例如,可以根据用户登录信息以确定显示哪个窗体,编写代码如下。

```
Sub main()
    Dim user As Integer
    user= GetUser        '确定用户登录身份
    If user= 1 Then
        Form1.Show
    Else
        Form2.Show
    End If
End Sub
```

6.5.5 Shell 函数

Visual Basic 可以调用应用程序,将各种 Windows 应用程序从自己的程序中启动执行。这一功能是通过 Shell 函数来实现的。

Shell 函数的格式如下。

Shell(命令字符串 [,窗口类型])

说明:

(1)命令字符串是要执行的应用程序的文件名(包括路径),其扩展名一般是.COM、.EXE、.BAT 或.PIF。

(2)窗口类型是执行应用程序时的窗口的大小选项,如表 6.3 所示。

表 6.3　窗口类型

常　　量	值	窗　口　类　型
vbHide	0	窗口被隐藏,焦点移到隐式窗口
VbNormalFocus	1	窗口具有焦点,并还原到原来的大小和位置
vbMinimizedFocus	2	窗口以一个具有焦点的图标来显示
vbMaximizeFocus	3	窗口是一个具有焦点的最大化窗口
vbNormal NoFocus	4	窗口被还原到最近使用的大小和位置,而当前活动的窗口仍然保持活动
vbMinmized NoFocus	6	窗口以一个图标来显示,而当前活动的窗口仍然保持活动

Shell 函数在调用某个应用程序并执行成功后,返回一个任务标识(Task ID),它是执行程序的唯一标识。例如:

```
id= Shell("c:\windows\excell.exe",3)
```

使用 Shell 函数应注意以下事项。

(1)Shell 函数调用的格式中必须具有赋值操作,用于接收返回的任务标识。下面的写法,去掉了赋值操作,是错误的。

```
Shell("c:\windows\notepad. exe",3)
```

(2)Shell 函数是按照异步方式执行其他程序,与原来的用户程序保持独立。于是,用

Shell 启动的应用程序可能还没有执行完,就已经执行 Shell 函数后面的语句了。

习 题 6

1. 选择题

(1)Sub 过程与 Function 过程最根本的区别是( )。

A. Sub 过程可以用 Call 语句直接使用过程名调用,而 Function 过程不可以

B. Function 过程可以有形参,Sub 过程不可以

C. Sub 过程不能返回值,而 Function 过程能返回值

D. 两种过程参数的传递方式不同

(2)在 Visual Basic 应用程序中,以下描述正确的是( )。

A. 过程的定义可以嵌套,但过程的调用不能嵌套

B. 过程的定义不可以嵌套,但过程的调用可以嵌套

C. 过程的定义和过程的调用均可以嵌套

D. 过程的定义和过程的调用均不能嵌套

(3)以下关于函数过程的叙述中,正确的是( )。

A. 如果不指明函数过程参数的类型,则该参数没有数据类型

B. 函数过程的返回值可以有多个

C. 当数组作为函数过程的参数时,既能以传值方式传递,也能以引用方式传递

D. 函数过程形参的类型与函数返回值的类型没有关系

(4)在 Visual Basic 中传递参数的方法有( )。

A. 一种   B. 两种   C. 三种   D. 四种

(5)可以在窗体模块的通用声明段中声明( )。

A. 全局变量   B. 全局常量

C. 全局数组   D. 全局用户自定义类型

(6)假定一个 Visual Basic 应用程序由一个窗体模块和一个标准模块构成。为了保存该应用程序,以下操作正确的是( )。

A. 只保存窗体模块文件

B. 分别保存窗体模块、标准模块和工程文件

C. 只保存窗体模块和标准模块文件

D. 只保存工程文件

(7)不能脱离控件(包括客体)而独立存在的过程是( )。

A. 事件过程   B. 通用过程   C. Sub 过程   D. 函数过程

(8)有以下程序:

```
Function Fun(a As Integer)
    Static c
    b= 0:b= b+ 2:c= c+ 2
    Fun= a* b* c
End Function
```

```
Private Sub Command1_Click()
    Dim a As Integer
    a= 2
    For i= 1 To 2
        Print Fun(a);
    Next
End Sub
```

运行程序,第一次单击命令按钮时,输出的结果为( )。

A. 8   16   B. 9   18   C. 10   20   D. 7   14

(9)单击命令按钮时,下列程序的执行结果是( )。

```
Private Sub Command1_Click()
  BT 4
End Sub
```

```
Private Sub BT(x As Integer)
    x= x* 2+ 1
    If x< 6 Then
        Call BT(x)
    End If
    x= x* 2
    Print x;
End Sub
```

A. 15   B. 16   C. 17   D. 18

(10)窗体上有 Text1、Text2 两个文本框及一个命令按钮 Command1,编写下列程序:

```
Dim y As Integer
Private Sub Command1_Click()
    Dim x As Integer
    x= 2
    Text1.Text= Fun2(Fun1(x),y)
    Text2.Text= Fun1(x)
End Sub

Private Function Fun1(x As Integer) As Integer
    x= x+ y:y= x+ y
    Fun1= x+ y
End Function
Private Function Fun2(x As Integer,y As Integer) As Integer
    Fun2= 2* x+ y
End Function
```

当单击 1 次和单击 2 次命令按钮后,文本框 Text1 和 Text2 内的值分别是( )。

A. 2   4   B. 2   4   C. 10   10   D. 4   4

  2   4   4   8   58   58   8   8

(11)下列程序的执行结果为( )。

```
Private Sub Command1_Click()
    Dim FirStr As String
    FirStr= "abcdef"
    Print Pat(FirStr)
End Sub
```

```
Private Function Pat(xStr As String)
As String
Dim tempStr As String,strLen As Integer
    tempStr= ""
    strLen= Len(xStr)
    i= 1
    Do While i < = Len(xStr)- 3
        tempStr= tempStr+ Mid(xStr,i,1)
+ Mid(xStr,strLen- i+ 1,1)
        i= i+ 1
    Loop
    Pat= tempStr
End Function
```

A. abcdef   B. afbecd   C. fedcba   D. defabc

(12)单击命令按钮时,下列程序的执行结果是(   )。

```
Private Sub Command1_Click()
Dim a As Integer, b As Integer, c
As Integer
    a= 3:b= 4:c= 5
    Print SecProc(c,b,a)
End Sub
```

```
Function FirProc ( x As Integer, y As
Integer,z As Integer)
    FirProc= 2* x+ y+ 3* z
End Function
Function SecProc ( x As Integer, y As
Integer,z As Integer)
    SecProc= FirProc(z,x,y)+ x
End Function
```

A. 20   B. 22   C. 28   D. 30

(13)在窗体上绘制一个名称为 Command1 的命令按钮和一个名称为 Text1 的文本框,然后输入如下程序:

```
Private Sub Command1_Click()
    Dim x,y,z As Integer
    x= 5
    y= 7
    z= 0
    Text1.text= ""
    Call Fun1(x,y,z)
    Text1.Text= Str(z)
End Sub
Sub Fun1(ByVal a As Integer,ByVal b As Integer,c As Integer)
    c= a+ b
End Sub
```

程序运行后,如果单击命令按钮,则在文本框中显示的内容是(   )。

A. 0   B. 12   C. Str(z)   D. 没有显示

(14)单击命令按钮时,下列程序的运行结果为(   )。

```
Private Sub Command1_Click()
    Print Fun(23,18)
End Sub
```

```
Public Function Fun(m As Integer, n As
Integer)As Integer
    Do While m< > n
        Do While m> n:m= m- n:Loop
        Do While m< n:n= n- m:Loop
    Loop
    Fun= m
End Function
```

A. 0   B. 1   C. 3   D. 5

(15)以下为用户自定义函数

```
Function Func(a As Integer,b As          '在窗体上画一个命令按钮
Integer)As Integer                       Private Sub command1_click()
    Static  m  As  Integer, i                Dim k As Integer, m As Integer, p
As Integer                               As Integer
    m= 0:i= 2                                 k= 4:m= 1
    i= i+ m+ i                               p= Func(k,m)
    m= i+ a+ b                               Print p
    Func= m                              End Sub
End Function
```

程序运行后,单击命令按钮,输出结果为( )。

A. 8   B. 9   C. 10   D. 11

2.填空题

(1)下列程序运行后的输出结果是_____。

```
Private Sub f(k,s)                       Private Sub Command1_Click()
    s= 1                                     Sum= 0
    For j= 1 to k                            For i= 1 to 3
        S= s* j                                  Call f(i,s)
    Next                                         Sum= Sum+ s
End Sub                                       Next
                                             Print Sum
                                         End Sub
```

(2)执行下面程序,第一行输出的结果是_____,第二行输出的结果是_____。

```
Option Explicit                          Private Sub www(x As Integer)
Private Sub command1_click()                 x= x * 2+ 1
    Dim A As Integer                         If x< 10 Then
    A= 2                                          Call www(x)
    Call www(A)                              End If
End Sub                                       x= x * 2+ 1
                                             Print x
                                         End Sub
```

(3)有如下函数过程,其中右边的部分是调用该函数的事件过程,该程序的运行结果是_____。

```
Function gys(ByVal x As Integer,         Private Sub Command1_Click()
ByVal y As Integer)                          Dim a As Integer,b As Integer
    Do While y < > 0                         a= 10:b= 2
        preminder= x / y                     x= gys(a,b)
        x= y                                 Print x
        y= preminder                     End Sub
    Loop
    gys= x
End Function
```

(4)下面程序运行后,单击命令按钮,输出的结果是_____。

```vb
Private Sub Command1_Click()              Function Fun(a()As Integer)
    Dim a% (1 To 5),i% ,s#                    Dim t# ,i%
    For i= 1 To 5                             t= 1
      a(i)= i                                 For i= LBound(a)To UBound(a)
    Next                                          t= t* a(i)
    s= Fun(a)                                 Next
    Print "s= ";s;                            Fun= t
End Sub                                   End Function
```

（5）下列程序运行后的输出结果是_____。

```vb
Function Fun(n)                           Private Sub Command1_Click()
    x= n * n                                  For k= 1 To 2
    Fun= x- 11                                    y= Fun(k):Print y
End Function                                  Next
                                         End Sub
```

（6）函数过程 Fun1 的功能是：如果参数 b 为奇数，则返回值为 1，否则返回值为 0。

```vb
Function Fun1(b As Integer)
    If _____Then
        Fun1= 0
    Else
        Fun1= 1
    End If
End Function
```

要使该功能完整，应在横线处填入_____。

（7）设有如下程序：

```vb
Private Sub Form_Click()
    Dim a As Integer,b As Integer         Sub p1(x As Integer,ByVal y As Integer)
    a= 20:b= 50                               x= x+ 10
    p1 a,b                                    y= y+ 20
    Print"a= "; a,"b= "; b                End Sub
End Sub
```

该程序运行后，单击窗体，则在窗体上显示的内容是：a＝_____和 b＝_____。

（8）两质数的差为 2，称此对质数为质数对，下列程序是找出 100 以内的质数对，并成对显示结果。其中，函数 IsP 用于判断参数 m 是否为质数。

```vb
Public Function IsP(m)As Boolean         Private Sub Command1_Click()
    Dim i As Integer                         Dim i As Integer
                                             p1= IsP(3)
    _____                             For i= 1 To 100 Step 2
    For i= 2 To Int(Sqr(m))                  p2= IsP(i)
      If _____ Then IsP= False             If _____Then Print i- 2,i
    Next i                                    p1= _____
End Function                                 Next i
                                         End Sub
```

(9)下面是一个按钮的事件过程,过程中调用了自定义函数。单击按钮在窗体上输出的结果第一行是_____,第五行是_____。

```
Private Sub Command1_Click()
    Dim x As Integer,y As Integer
    Dim n As Integer,z As Integer
    x= 1:y= 1
    For n= 1 To 6
     z= func1(x,y)
     Print n,z
    Next n
End Sub
```

```
Private Function func1(x As Integer,y As
Integer)As Integer
    Dim n As Integer
    Do While n < = 4
     x= x+ y
     n= n+ 1
    Loop
    func1= x
End Function
```

(10)窗体上有一个按钮 Command1 和两个文本框 Text1、Text2。下面是这个窗体模块的全部代码。运行程序,第一次单击按钮时,两个文本框中的内容分别是_____和_____;第二次单击按钮,两个文本框的内容又分别是_____和_____。

```
Dim y As Integer
Private Sub Command1_Click()
    Dim x As Integer
    x= 2
    Text1.Text= func2(func1(x),y)
    Text2.Text= func1(x)
End Sub
```

```
Private Function func1( x As Integer)
As Integer
    x= x+ y:y= x+ y
    func1= x+ y
End Function

Private Function func2(x As Integer,y As
Integer)
    func2= 2 * x+ y
End Function
```

3.编程题

(1)输入一个整数,判断其奇偶性。请编写一个判断奇偶性的函数过程。

(2)求两个数 m 和 n 的最大公约数和最小公倍数,要求用一个函数过程来实现。

(3)编写函数过程返回一个 1～100 之间的随机整数。

(4)已知斐波那契数列的第一项和第二项都是 1,其后每一项都是其前面两项的和,形如:1,1,2,3,5,8……编写一个递归函数过程,求出该数列的前 20 项。

(5)编写一个函数,以 n 为参数,计算 $1+2^2+3^2+…+n^2$ 的值。

(6)使用函数编写一个程序打印如下所示的杨辉三角形。

```
            1
          1   1
        1   2   1
      1   3   3   1
    1   4   6   4   1
```

137

第7章　界面设计

用户界面是一个应用程序最重要的部分，它是程序最直观的表现。对用户而言，界面就是应用程序，他们感觉不到正在执行的代码。不论花多少时间和精力来编制和优化代码，应用程序的可用性仍然依赖于界面。

在 Windows 环境下操作一个软件，最直观、方便的工具莫过于窗体、对话框、菜单、工具栏等的应用，窗体是在 Windows 中建立直观应用程序的基础，窗体的设计已在前面章节做过介绍，本章主要介绍菜单、工具栏、对话框等其他界面的设计。

7.1　常用内部控件

7.1.1　列表框和组合框

列表框（ListBox）控件和组合框（ComboBox）控件是 Windows 应用程序常用的控件，主要用于提供一些可供选择的列表项目。在列表框中，任何时候都能看到多个选项，而在组合框中通常只能看到一个选项，单击其右侧的下拉按钮才能看到多项列表。

1. 列表框

列表框常用来显示一个项目的列表，用户可从中选择一个或多个选项。如果项目总数超过了列表框的可显示区域，列表框会自动出现滚动条，方便用户以滚动的方式来选择列表项。

1）列表框的常用属性

（1）Columns 属性，表示指定列表框中的可见列数。默认值为 0，表示列表框中不允许显示多列，当 Columns 大于或等于 1 时，列表框中能显示多列，此时其列宽为列表框的宽度除以列数。

（2）List 属性，用于设置或返回控件的列表项内容。该属性是一个字符串数组，数组中的每个元素对应列表框中的一项。数组下标从 0 开始编号。在运行过程中，可通过该属性实现对列表项内容的访问和设置，其语法格式如下。

　　　　列表框名. List(索引号)＝项目内容

例如，若要设置列表框中第 3 项的内容为"计算机系"，则实现的语句如下。

```
List1.List(2)= "计算机系"
```

（3）ListIndex 属性，用于设置和返回被选中的选项在 List 数组中的下标序号。程序运行时，可以使用 ListIndex 属性来判断列表框中哪个项目被选中。

（4）ListCount 属性，用来返回列表框中列表项的总数。可用 ListCount－1 来表示列表框中最后一项的序号。

（5）Text 属性，用于返回被选中的列表项的内容。当设计和运行时该属性均为只读。

（6）Selected 属性，用于返回或设置列表框中列表项的选择状态，其属性值为 True 或 False，表示相应的列表项是否被用户选中。设置或取消已选择的列表项格式如下。

　　　　列表框名. Selected(要设置的列表项序号)＝True｜False

（7）Sorted 属性，用于设置列表内容是否按字母顺序排序，其取值为 True 或 False。

（8）MultiSelect 属性，用于确定列表框中是否允许选择多项。

MultiSelect＝0 表示一次只能选择一项，不能多选。

MultiSelect＝1 表示允许选择列表中的多个项目，每单击一个项目，则该项目被选中。

MultiSelect＝2 表示可以选择列表框中某个范围内的项目。

（9）Style 属性，用于显示列表框的显示类型和行为，其取值为 0 和 1 两种。0 表示标准列表框，每个列表项以文本的方式显示；1 则为带有复选框风格的列表框，每个列表项的左侧均有一个复选框，用来标记是否被用户选定。

2）列表框的事件和方法

列表框能响应大多数常用事件，如 DblClick、Click、ItemCheck、GotFocus、LostFocus、Scroll、MouseDown、MouseUp、MouseMove 等，用得较多的事件是前三种。

列表框支持的方法主要有 AddItem、RemoveItem、Clear、Refresh、Move、SetFocus。前三种方法用于在运行期间向列表框增加、删除或清空列表项。

（1）AddItem 方法，用于在运行期间向列表框增加一个列表项，其语法格式如下。

列表框名. AddItem 要增加的列表项[，列表项索引号]

其中，"列表项索引号"是从 0 开始的顺序号，标明新增列表项添加到列表框中的位置。若该参数省略则新增项放置到列表框的末尾。

（2）RemoveItem 方法，用于删除列表框中指定的列表项，其语法格式如下。

列表框名. RemoveItem 列表项索引号

（3）Clear 方法，用于清除列表框中的所有列表项，其语法格式如下。

列表框名. Clear

【例 7.1】 设计一个小学生加减法算术练习程序，随机给出两位数的加减法运算，将做过的题目存放在列表框中备查，并随时给出正确率。

设计步骤如下。

（1）新建工程，在窗体上增加以下内容：一个标签 Label1 显示题目，一个文本框 Text1 输入答案，一个列表框 List1 保存做过的题目和一个框架 Frame1，存放正确率标签 Label2。按如图 7.1 所示设置对象属性并布局。

（2）编写程序代码。

首先在通用段中声明变量 ti_shu（题数）、right_shu（答对数）和 result（正确答案）如下。

```
Dim ti_shu As Integer
Dim right_shu As Integer
Dim result As Integer
```

然后编写出题程序如下。

```
Private Sub chu_ti()
   Randomize(Time)
   a= Int(10+ 90 *  Rnd)            '产生随机两位数
   b= Int(10+ 90 *  Rnd)
   p= Int(2 *  Rnd)                 '产生 0 和 1 的随机数，0 代表加法，1 代表减法
   Select Case p
     Case 0
```

```
        Label1.Caption= Str(a)&"+ "& Str(b)&"= "
        result= a+ b
      Case 1
        If a < b Then t= a:a= b:b= t          '将大数作为被减数
        Label1.Caption= Str(a)&"- "& Str(b)&"= "
        result= a- b
      End Select
      ti_shu= ti_shu+ 1
      Text1.Text= ""
   End Sub
```

变量初始化和第一题的生成由窗体的 Load 事件代码完成,编写程序如下。

```
   Private Sub Form_Load()
      ti_shu= 0
      right_shu= 0
      Call chu_ti              '调用出题代码
   End Sub
```

答题部分由文本框的按键(KeyPress)事件代码完成。

```
   Private Sub Text1_KeyPress(KeyAscii As Integer)
      If KeyAscii= 13 Then               '表示按下的是 Enter 键
        If Text1.Text= result Then
          Item= Label1.Caption & Text1.Text &"√"
          right_shu= right_shu+ 1
        Else
          Item= Label1.Caption & Text1.Text &"×"
        End If
        List1.AddItem Item,0           '将题目和回答插入到列表框中的第一项
        Label2.Caption= "共"& ti_shu &"题"& Chr(13)&"正确率为:"_
        & Chr(13)& Format(right_shu / ti_shu,"# 0.0# % ")
        Call chu_ti                     '调用出题代码
      End If
   End Sub
```

以下为"关闭"按钮的 Click 事件代码。

```
   Private Sub Command1_Click()
      Unload Me
   End Sub
```

运行结果如图 7.1 所示。

2. 组合框

组合框(ComboBox)是将文本框和列表框的特性组合在一起,既可以在控件的文本框部分输入数据,也可以在控件的列表框部分选择项目。

1)组合框的常用属性

组合框控件的属性与列表框基本相同,另外增加了一些与文本框相关的属性。

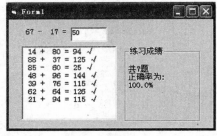

图 7.1 运行结果

(1)Style 属性,用于设置组合框的外观风格,其取值有 0、1 和 2 三种,0 表示下拉组合框,用户可以单击向下按钮在下拉列表中选择项目,还可以在文本框中输入新项目;1 表示简单组合框(列表框不能被收起和拉下),用户可以在列表中选择项目,还可以在文本框中输入新项目;3 表示下拉列表,仅允许从下拉列表中选择项目。

(2)Text 属性,用于存放选中的列表项内容或通过键盘输入的内容。在设计的过程中该属性无效,运行的过程中该属性为只读。

由于组合框是列表框和文本框的组合。因此,组合框支持列表框的属性,同时也支持部分文本框的属性,当组合框的 Locked 属性设置为 True 时,则组合框将失去键盘输入的能力,同时也不能对组合框的列表项进行选择操作。

2)组合框的事件和方法

组合框能响应的事件主要有 Change、DblClick、Click、DropDown、GotFocus、LostFocus、Scroll、KeyDown、KeyUp、KeyPress 等。

在实际编程中,通过访问其 Text 属性即可获得用户所选择的列表项内容或所输入的内容。因此,一般不需要针对组合框的事件进行单独编程。

组合框支持的方法与列表框相同,用法也一样。

【例 7.2】 设计一个组合框应用程序,要求运行后效果如图 7.2 所示。

设计步骤如下。

(1)新建工程,在窗体上增加两个标签 Label1 和 Label2、一个文本框 Text1 显示选择的国家、一个组合框 Combo1 显示所有国家和三个命令按钮 cmdAdd、cmdDelete 和 cmdClose。按如图 7.2 所示设置对象属性并布局。

(2)编写程序代码。

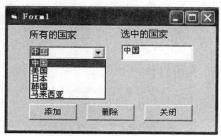

图 7.2 效果图

通过窗体的 Load 事件,把若干国家名称添加到组合框中。

```
Private Sub Form_Load()
    Combo1.AddItem"中国"
    Combo1.AddItem"美国"
    Combo1.AddItem"日本"
    Combo1.AddItem"韩国"
    Combo1.AddItem"马来西亚"
    Combo1.Text= ""
End Sub
```

当选择某个国家时,将当前所选国家名称显示在文本框中。

```
Private Sub Combo1_Click()
    Text1.Text= Combo1.Text
End Sub
```

在组合框中添加新的国家,需先在组合框中输入一个新的国家名,再单击"添加"按钮添加。

```
Private Sub cmdAdd_Click()
    Flag= 0
    If Combo1.Text < > ""Then
```

```
        For i= 0 To Combo1.ListCount- 1
          If Combo1.Text= Combo1.List(i)Then
            Flag= 1
            MsgBox"该国家名称已经存在"
          End If
        Next i
        If Flag= 0 Then
          Combo1.AddItem Combo1.Text
        End If
      Else
        MsgBox"请先输入国家名称"
      End If
    End Sub
```

删除代码如下。

```
Private Sub cmdDelete_Click()
  If Combo1.ListIndex= - 1 Then
    MsgBox"请选择要删除的项目！"
  Else
    Combo1.RemoveItem Combo1.ListIndex
  End If
End Sub
```

关闭代码如下。

```
Private Sub CmdClose_Click()
    Unload Me
End Sub
```

7.1.2 图片框和图像框

图片框(PictureBox)控件和图像框(Image)控件是 Visual Basic 中显示图形、图像的主要控件，二者相比，图片框比图像框功能更强，但图像框由于属性较少，装载显示图形的速度较快。

1.图片框

图片框功能较强大，可显示静态图形，也可用于播放动态图形，如 AVI 动画、MOV 动画及 VCD 节目等。另外，图片框还支持各种绘图方法和打印方法，可在图片框上绘制各种图形，以及使用 Print 方法在图片框中输出各种文本信息。

1)图片框的属性

图片框的属性较多，很多属性与窗体相同，下面介绍其常用属性。

(1)Picture 属性，用于设置控件中要显示的图形，支持的图像文件类型包括 BMP、ICO、GIF、JPG 等，若运行时要设置控件中的图形，需要用 LoadPicture()函数来实现。例如：

```
Picture1.Picture= LoadPicture(App.Path&"\pic01.bmp")
```

其中 App 是 Visual Basic 预定义的全局对象，代表当前应用程序(工程)，Path 属性指应用程序(工程)文件的路径。

(2)AutoSize 属性，用于设置图片框是否按装入图形的大小做自动调整。若设置为 True，则图片框将自动调整大小以适应新装入的图形。

2)图片框响应的事件和支持的方法

图片框能响应的事件较多,有 Change、DblClick、Resize、MouseMove、Paint、GotFocus、Click、KeyDown、MouseUp、KeyUp、LostFocus、MouseDown 等。其中,使用率最高的事件是 Paint、Resize、Change、KeyPress、KeyDown。

图片框支持的方法较多,充分利用这些方法,可以大大提高开发程序的能力。其常用的方法有 Print、Cls、Move、SetFocus、TextHeight、TextWidth、Refresh、PaintPicture、PSet、Point、Circle 等。

(1)TextHeight 和 TextWidth 方法,根据图形对象的当前字体设置,返回将被打印的文本字符串的高度和宽度,也就是返回字符串打印到图形对象上后,显示的高度和宽度值。其语法格式如下。

Value＝对象名.TextHeight(字符串表达式)

Value＝对象名.TextWidth(字符串表达式)

(2)Refresh 方法,用于全部重绘一个窗体或图形控件。若要刷新图片框 Picture1 的内容,则可用如下语句实现。

Picture1.Refresh

(3)PaintPicture 方法,用于将源图像或图形中某个区域中的图形信息,复制到另一个区域,并且在复制过程中还可以进行各种复杂的位操作变换,以获得各种图形处理特效。

2.图像框

图像框功能较单一,只能用于显示静态图形,不能作为容器,也不支持绘图方法和打印方法,但显示图形较快。

1)图像框的属性

(1)Picture 属性　该属性的功能和方法与图片框完全相同,是图像框的主要属性。

(2)Stretch 属性　该属性为逻辑型值,True 为自动调整图形大小,以适应控件自身大小。

2)图像框响应的事件和支持的方法

图像框能响应的事件不多,有 DblClick、Click、MouseUp、MouseDown、MouseMove 等。

图像框支持的方法有 Move 方法和 Refresh 方法。

【例7.3】　设计一个图片显示程序,实现放大、缩小和还原图片。界面样式如图7.3所示。

设计步骤如下。

(1)新建工程,在窗体上添加以下内容:一个图像框 Image1、三个单选按钮 Option1、Option2 和 Option3,以及一个复选框 Check1。按图7.3所示设置对象属性并布局。

(2)编写程序代码。

首先在通用段中声明两个变量存放图像的宽和高。

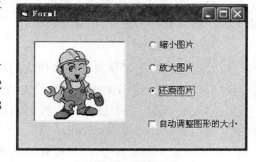

图7.3　界面样式

```
Dim W As Integer,H As Integer
```

图像载入事件的代码如下。

```
Private Sub Form_Load()
    W= Image1.Width
    H= Image1.Height
    Image1.BorderStyle= 1           '图像框边界可见
    Option3.Value= True             '还原图片被选中
    Image1.Picture= LoadPicture(App.Path &"\00007.gif")
End Sub
```

其他代码如下。

```
Private Sub Option1_Click()      '缩小图片
    Image1.Width= W * 0.5
    Image1.Height= H * 0.5
End Sub
Private Sub Option2_Click()      '放大图片
    Image1.Width= W * 2
    Image1.Height= H * 2
End Sub
Private Sub Option3_Click()      '还原图片
    Image1.Width= W
    Image1.Height= H
End Sub
Private Sub Check1_Click()       '决定图像框是否自动调整图形大小
    Image1.Stretch= Check1.Value
End Sub
```

7.1.3 滚动条

滚动条(ScrollBar)是 Windows 应用程序中广泛应用的一种工具,滚动条常常用来附在某个窗口上帮助观察数据或确定位置,也可以用来作为数据输入的工具。例如,音量控制和颜色值调整等。

滚动条分为两种:水平滚动条(HScrollBar)和垂直滚动条(VScrollBar)。两者除滚动方向不同外,其功能和操作都是一样的,滚动条的两端各有一个箭头,中间有一个滑块,当滑块位于最左端或最顶端时,其值最小。

1. 滚动条的属性

(1)Min 属性:用于设置滚动条代表的最小值,默认值为 0。

(2)Max 属性:用于设置滚动条代表的最大值,默认值为 32 767。

(3)Value 属性:用于设置和返回滚动条的当前值。如果需要读取滚动条 Hscroll 的当前值可使用语句:Num=Hscroll. Value。

(4)LargeChange 属性:用于设置滚动条的粗调改变量。该属性的默认值为 1。

(5)SmallChange 属性:用于设置滚动条的微调改变量。

2. 滚动条的事件

与滚动条控件相关的事件主要是 Scroll 事件与 Change 事件,当在滚动条内拖动滚动条时会触发 Scroll 事件(但要注意,单击滚动箭头或滚动条时不发生 Scroll 事件),滚动框发生位置改变后则会触发 Change 事件。Scroll 事件用来跟踪滚动条中的动态变化,Change

事件则用来得到滚动条最后的值。

【例7.4】 设计一个程序,通过滚动条设置文本框的背景色和字体颜色,运行界面如图7.4所示。

设计步骤如下。

(1)新建工程,在窗体上添加以下内容:一个文本框 Text1,两个命令按钮 cmdBackColor 和 cmdForeColor,三个标签、Label1、Label2 和 Label3(红、黄、蓝),两个标签控件 LbView 和 LbColor,以及三个滚动条 HsbR、HsbG、HsbB。滚动条的最小值设为 0,最大值设为 255。按图7.4 所示设置对象的其他属性并布局。

图7.4 运行界面

(2)编写程序代码。当滚动条的状态发生改变时,均在 Change 事件中获取 Value 属性并作为 RGB()函数的参数,在颜色预览中读出(LbColor.BackColor)。

```
Private Sub HsbR_Change()
    Label1.BackColor= RGB(HsbR.Value,HsbG.Value,HsbB.Value)
End Sub
Private Sub HsbG_Change()
    Label1.BackColor= RGB(HsbR.Value,HsbG.Value,HsbB.Value)
End Sub
Private Sub HsbB_Change()
    Label1.BackColor= RGB(HsbR.Value,HsbG.Value,HsbB.Value)
End Sub
Private Sub cmdBackColor_Click()
    Text1.BackColor= Label1.BackColor
End Sub
Private Sub cmdForeColor_Click()
    Text1.ForeColor= Label1.BackColor
End Sub
```

 ## 7.2 鼠标与键盘

鼠标事件是当鼠标键的单击、双击、移动等操作时发生,键盘事件则是在键盘的某个键按下去时触发。除了鼠标事件外,通常需要对键盘事件进行编程。

7.2.1 键盘事件

键盘事件主要有以下几种。

(1)KeyDown:当键盘上某键被按下去时发生。

(2)KeyUp:键盘上的键弹起来时发生。

(3)KeyPress:此事件发生在键盘被按下后和字符被显示出来之前的时间。

对于键盘事件,相对来说 KeyDown 事件和 KeyUp 事件使用比较少,而通常情况下对 KeyPress 事件编程较多,因为此事件注重键盘被按下的是哪个键,KeyPress 事件定义如下。

Private Sub Textl_KeyPress（KeyAscii As Integer）

End Sub

（4）Change：当控件的内容发生改变时执行 Change 事件。

7.2.2　鼠标事件

鼠标事件是 Visual Basic 编程中最常用到的事件，多数控件都支持鼠标操作，因此对鼠标事件进行编程是非常重要的。

鼠标事件主要有以下几种。

（1）Click：单击事件，即单击鼠标时发生的事件。单击事件定义如下。

Sub Click（）

End Sub

（2）DblClick：双击事件，即双击鼠标时发生的事件。双击事件定义如下。

Sub DblClick（）

End Sub

（3）MouseDown：鼠标按键按下时发生的事件。

（4）MouseUp：鼠标按键弹起时发生的事件。

（5）MouseMove：鼠标移动时发生的事件，对某控件的此事件进行编程，则当鼠标指针移过此控件时就会触发此事件，执行其相应的代码。

7.3　通用对话框

7.3.1　通用对话框的基本概念

通用对话框是一种控件，用该控件可以创建六种基于 Windows 的标准对话框，即"打开"、"另存为"、"颜色"、"字体"、"打印"和"帮助"对话框。编程时，可以直接调用通用对话框控件完成上述功能，既减少了工作量，又使程序更加符合 Windows 用户的使用习惯。

通用对话框是一种 ActiveX 控件，在一般情况下，启动 Visual Basic 后，在工具箱中并没有通用对话框控件。要使用通用对话框控件，必须首先把通用对话框控件添加到工具箱中，其具体步骤如下：

图 7.5　添加通用对话框控件

（1）选择"工程"→"部件"命令，打开"部件"对话框；

（2）在"控件"选项卡中选中"Microsoft Common Dialog Control6.0"；

（3）单击"确定"按钮，即可把通用对话框加到工具箱中，如图 7.5 所示。

1.通用对话框的基本属性

1）Name 属性

该属性表示通用对话框的默认名称。其默认名称为 CommonDialog1，CommonDialog2……

2）Action 属性

该属性设计时无效，运行时可读写，用于打开指定种类的对话框类型。对话框类型、控件的属性和方法的对应关系如表 7.1 所示。

表 7.1 CommonDialog 控件的对话框类型

对话框类型	Action 属性值	方　　法
不显示对话框	0	
"打开"对话框	1	ShowOpen
"另存为"对话框	2	ShowSave
"颜色"对话框	3	ShowColor
"字体"对话框	4	ShowFont
"打印"对话框	5	ShowPrint
"帮助"对话框	6	ShowHelp

2. 通用对话框的常用方法

通用对话框的常用方法如表 7.1 所示，调用对话框可用"控件.方法"来实现，例如，要显示"打开"对话框可用以下代码。

CommonDialog1.ShowOpen

或 CommonDialog1.Action=1

7.3.2 "打开"对话框

"打开"对话框可以让用户指定一个文件供程序调用，通过使用 CommonDialog 控件的 ShowOpen 方法可显示"打开"对话框。"打开"对话框如图 7.6 所示。

1. "打开"对话框的属性

当把 CommonDialog 控件添加到窗体后，可以通过"属性"窗口设置其属性，也可在控件上右击，在弹出的菜单中选择"属性"命令，弹出"属性页"对话框，如图 7.7 所示。

图 7.6 "打开"对话框

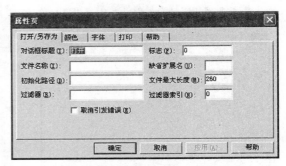

图 7.7 "属性页"对话框

与"打开/另存为"选项卡有关的属性说明如表 7.2 所示。

表 7.2 "打开/另存为"选项卡的属性

属性标示	对应属性	说　　明
对话框标题	DialogTitle	设置对话框标题。默认为"打开"或"另存为"
文件名称	FileName	设置或返回要打开或保存文件的路径及文件名

续表

属性标示	对应属性	说　　明
初始化路径	InitDir	设置并返回对话框的初始目录
过滤器	Filter	设置对话框的文件列表框中显示的文件的类型
标志	Flags	用于设置对话框的一些选项
默认扩展名	DefaultExt	设置对话框缺省的文件扩展名
文件最大长度	MaxFileSize	设置文件名的最大长度,以字节为单位
过滤器索引	FilterIndex	设置默认的过滤器

2."打开"对话框的应用

当用户在"打开"对话框中找到并选中了要打开的文件后,双击文件名或单击"打开"按钮,"打开"对话框即可返回被选中的文件路径,并将它自动赋予 CommonDialog 的 FileName 属性,这样我们就可以提取 FileName 中这个文件路径,用来打开用户指定的文件了。

7.3.3　"另存为"对话框

"另存为"对话框可以指定一个文件,以作为保存文件时使用的名字,通过使用 CommonDialog 控件的 ShowSave 方法可显示"另存为"对话框。"另存为"对话框如图 7.8 所示。

用户可以在"另存为"对话框上方的"保存在"下拉列表中选择保存文件的位置,然后从文件列表中选择一个存在的文件的名称,或者在下方的"文件名"框中键入文件名,最后单击"保存"按钮,这时用户指定的文件路径就自动赋予了 CommonDialog 的 FileName 属性,我们根据它就可以按指定路径来保存文件。

"另存为"对话框的属性与"打开"对话框属性相同。

【例 7.5】　制作一个图片自动浏览器,单击选择图片,弹出"打开"对话框选择图片并浏览,单击"保存图片"按钮,弹出"另存为"对话框保存图片。运行效果如图 7.9 所示。

图 7.8　"另存为"对话框

图 7.9　运行效果

设计步骤如下。

(1)新建工程,在窗体上添加以下内容:一个通用对话框,一个定时器,三个按钮,一个列表框和一个图像框。

(2)设置图像框 Image1 的 BorderStyle 属性为 1,Stretch 属性为 True。定时器 Timer1

的 Interval 属性为 1000(1 秒)。

(3)编写程序代码如下。

定义变量 PicNo,表示所显示图片号,并初始化变量。

```
    Dim PicNo As Integer            '定义全局变量 PicNo
    Private Sub Form_Load()
        PicNo= 0                    '初始化全局变量
        Timer1.Enabled= False       '设置定时器不可用
    End Sub
```

打开图片文件。

```
    Private Sub CmdChose_Click()
        CommonDialog1.Filter= "位图文件|* .bmp|GIF 文件|* .gif|JPEG 文件|* .jpg"
        '设置过滤器,只显示图像文件
        CommonDialog1.FilterIndex= 2              '指定缺省的过滤器
        CommonDialog1.ShowOpen                    '显示"打开"对话框
        List1.AddItem(CommonDialog1.FileName)     '将用户选定文件载入图像框
    End Sub
```

通过定时器循环显示图片。

```
    Private Sub CmdView_Click()
        Timer1.Enabled= True            '启动定时器
    End Sub
    Private Sub Timer1_Timer()
        Dim s As String
        s= List1.List(PicNo)            '得到某一要显示图片的路径
        Image1.Picture= LoadPicture(s)  '加载图片
        PicNo= PicNo+ 1                 '为得到下一张图片做准备
          If PicNo= List1.ListCount Then '如果是最后一张,则转为第一张
              PicNo= 0
          End If
    End Sub
```

保存图片。

```
    Private Sub CmdSave_Click()
        CommonDialog1.ShowSave
    End Sub
```

7.3.4　"颜色"对话框

使用 CommonDialog 控件的 ShowColor 方法可显示"颜色"对话框。"颜色"对话框用来调用调色板以选取颜色,或者生成和选择自定义颜色。

如果要使用"颜色"对话框,可先设置 CommonDialog 控件中的相关属性,然后使用 ShowColor 方法显示该对话框。CommonDialog 控件利用 Color 属性返回用户选定的颜色。"颜色"对话框如图 7.10 所示。

【例 7.6】　使用"颜色"对话框设置窗体的背景颜色。

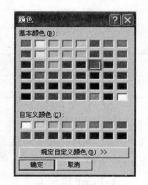

图 7.10　"颜色"对话框

设计步骤如下。

(1)新建工程,在窗体上添加一个公共对话框 CommonDialog1。

(2)为窗体添加 Click 事件代码如下。

```
Private Sub Form_Click()
    CommonDialog1.ShowColor                   '显示"颜色"对话框
    Form1.BackColor= CommonDialog1.Color      '设置窗体的背景颜色为选定的颜色
End Sub
```

运行程序,单击窗体就出现"颜色"对话框,选择颜色并单击"确定"按钮,就可将所选颜色设置为窗体的背景色。

7.3.5 "字体"对话框

使用 CommonDialog 控件的 ShowFont 方法可显示"字体"对话框。"字体"对话框用来选择字体,可在该对话框中设置并返回所选取的字体、样式、大小、效果及颜色,如图 7.11 所示。"字体"对话框的属性如下。

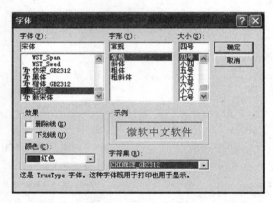

图 7.11 "字体"对话框

1. Flags 属性

如果要使用"字体"对话框,必须首先设置 CommonDialog 控件的 Flags 属性值,否则将显示错误提示信息。"字体"对话框的 Flags 取值如表 7.3 所示。

表 7.3 "字体"对话框 Flags 属性常用取值

常　　数	值	描　　　述
vbCFScreenFonts	1	使用屏幕字体
vbCFPrinterFonts	2	使用打印字体
vbCFBoth	3	使用屏幕字体和打印机字体
vbCFHelpButton	4	使用对话框显示"帮助"按钮
vbCFEffects	256	对话框中显示颜色、下画线和删除线效果

2. Color 属性

返回用户选择的颜色,用于设置字体的颜色。如果要使用这个属性,必须先将控件的 Flags 属性值设置为 vbCFEffects。

3. Font 属性集

Font 属性集包括 FontBold、FontItalic、FontStrikethru、FontUnderline、FontName、

FontSize 等，分别用于设定字体的粗体、斜体、删除线、下画线、字体名称和字体大小。

【例7.7】 使用"字体"对话框设置标签上的字体效果。要求程序运行效果如图7.12所示。

设计步骤如下。

（1）新建工程，在窗体上添加一个公共对话框 CommonDialog1、一个标签 Label1 和一个 Command1。

（2）编写程序代码如下。

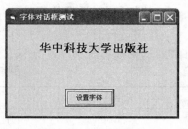

图7.12 运行效果

```
Private Sub Command1_Click()
    With CommonDialog1
        .Flags= 3 Or 256
        '或 Flags= cdlCFBoth+ cdlCFEffects 显示所有字体和效果选项
        .FontName= "宋体"
        .ShowFont                                    '打开"字体"对话框
        Label1.FontName= .FontName                   '字体名称(字符串类型)
        Label1.FontSize= .FontSize                   '字号(整型)
        Label1.FontBold= .FontBold                   '粗体(逻辑型)
        Label1.FontItalic= .FontItalic               '斜体(逻辑型)
        Label1.FontStrikethru= .FontStrikethru       '删除线(逻辑型)
        Label1.FontUnderline= .FontUnderline         '下划线(逻辑型)
        Label1.ForeColor= .Color                     '颜色(长整型)
    End With
End Sub
```

7.3.6 "打印"对话框

"打印"对话框可以设置打印输出的方法，如打印范围、打印份数、打印质量等其他打印属性。此外，对话框还显示当前安装的打印机的信息，允许用户重新设置缺省打印机。"打印"对话框如图7.13所示。

图7.13 "打印"对话框

1.“打印”对话框的属性

程序运行时,一旦在“打印”对话框中做出选择,所有属性就会自动保存并被执行,“打印”对话框属性如表7.4所示。

表7.4 “打印”对话框属性

属 性	说 明
Copies	打印的份数
FromPage	开始打印的页码
ToPage	结束打印的页码
Min、Max	打印的起始页码最小值和结束页码最大值
Orientation	打印方向

2.“打印”对话框的方法

Visual Basic 应用程序可使用 Printer 对象打印文本和图形。使用时,如果要使用默认打印机以外的打印机,需在 Printers 集合中为 Printer 对象指定该打印机。

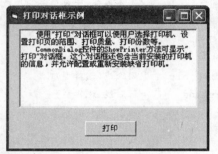

图7.14 运行效果

调用 Printer 对象的 Print 方法可以输出文本,实现打印文本信息。

【例7.8】 使用“打印”对话框,打印文本框中的内容,要求运行效果如图7.14所示。

设计步骤如下。

(1)新建工程,在窗体上添加公共对话框 CommonDialog1、文本框 Text1 和命令按钮 Command1。设置 Text1 的 MultiLine 属性为 True。

(2)编写 Command1 的 Click 事件代码如下。

```
Private Sub Command1_Click()
    Dim i As Integer
    CommonDialog1.ShowPrinter
    For i= 1 To CommonDialog1.Copies
        Printer.Print Text1.Text
    Next i
    Printer.EndDoc
End Sub
```

7.3.7 “帮助”对话框

“帮助”对话框为用户提供在线帮助,在程序中将通用对话框的 Action 属性设置为6,或者用 ShowHelp 方法,则弹出“帮助”对话框。对于“帮助”对话框,在使用之前,必须先设置对话框的 HelpFile(帮助文件的名称和位置)属性,将 HelpCommand(请求联机帮助的类型)属性设置为一个常数,以告诉对话框要提供何种类型的帮助。

1.“帮助”对话框的属性

(1)HelpCommand 属性:用于返回或设置所需要的联机帮助类型。

(2)HelpFile 属性:用于指定帮助文件的路径和文件名。

2. "帮助"对话框的应用

【例7.9】 为"帮助"按钮编写事件过程,通过"帮助"对话框来显示帮助文件。编写事件代码如下。

```
Private Sub Command1_Click()
    CommonDialog1.HelpCommand= cdlHelpContents
    CommonDialog1.HelpFile= "C:\WINDOWS\Help\input.hlp"
    CommonDialog1.ShowHelp
End Sub
```

7.4 菜单设计

菜单是应用程序为用户提供的可以实现各种操作的命令列表,具有直观、操作简单等优点。其主要作用有两个:一是提供人机对话的界面,以便使用者选择应用系统的各种功能;二是管理应用系统,控制各种功能模块的运行。

Visual Basic 提供了两种基本类型的菜单:下拉式菜单和弹出式菜单。

下拉式菜单一般位于应用程序窗口标题栏的下方,单击菜单标题就会向下展开菜单。

弹出式菜单是独立于菜单栏而显示在窗体上的浮动菜单,右击时常常会激活一个弹出式菜单,菜单内容包含了指向对象的常用操作选项,也称为快捷菜单。

7.4.1 菜单编辑器

菜单编辑器是 Visual Basic 提供的用于设计菜单的编辑器。用菜单编辑器可以创建新的菜单和菜单项,可以在已有的菜单上增加新的菜单命令,可以编辑已有的菜单命令,以及修改和删除已有的菜单和菜单项。

要打开菜单编辑器,可以使用三种方法:①选择"工具"→"菜单编辑器"命令或使用快捷键 Ctrl+E;②单击工具栏中的"菜单编辑器"按钮;③右击窗体,然后选择"菜单编辑器"命令。

"菜单编辑器"对话框分为菜单项属性区、编辑区和菜单项显示区三个部分,"菜单编辑器"对话框如图 7.15 所示。

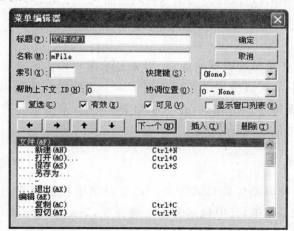

图 7.15 "菜单编辑器"对话框

1. 菜单项属性区

菜单项属性区用于显示菜单控件的属性,菜单控件的属性及其说明如表 7.5 所示。

表 7.5　菜单控件的属性及其说明

属性	中文提示	说　　明
Name	名称	菜单控件的名称
Caption	标题	菜单控件的标题文字
Checked	复选	设置复选是否有效
Enabled	有效	设置菜单是否有效
HelpContextID	帮助上下文 ID	为菜单设置一个与帮助有关的索引号
Index	索引	使用控件数组时,设置菜单控件在数组中的标识号
NegotiatePosition	协调位置	决定窗体菜单栏上的菜单与窗体活动对象的菜单如何共用菜单栏空间
Shortcut	快捷键	为菜单设置一个用于键盘访问的快捷方式
Visible	可见	设置菜单项运行时是否可见
WindowList	显示窗口列表	控制运行时在菜单中是否显示当前打开的 MDI 子窗口列表

2. 编辑区

编辑区共有七个按钮,用来对输入的菜单项进行简单的编辑,如图 7.16 所示。

图 7.16　编辑区

(1)左、右箭头:用来产生或取消内缩符号。单击一次右箭头可以产生四个点(····),单击一次左箭头则删除四个点。这四个点称为内缩符号,用来确定菜单的层次。

(2)上、下箭头:用来在菜单项显示区中移动菜单项的位置。把条形光标移到某个菜单项上,单击上箭头将使该菜单项上移,单击下箭头将使该菜单项下移。

(3)下一个:用于进入下一个菜单项的设计。

(4)插入:编辑菜单时,可以在当前菜单项之前插入一个新的菜单项。

(5)删除:删除光标所在处的菜单项。

3. 菜单项显示区

菜单项显示区位于菜单编辑器的底部,用来显示用户输入的菜单项。根据显示的各菜单项前内缩符号的多少,可以确定菜单的级别。一个菜单项前面的内缩符号最多可以有五个,顶级菜单没有内缩符号。所以说,在 Visual Basic 中,菜单最多有六级。单击"确定"按钮,创建的菜单标题将显示在窗体上。

7.4.2　下拉式菜单

下拉式菜单是一种典型的窗口式菜单。通常以菜单栏的形式出现在窗口标题栏的下面。一般包含有一个主菜单,其中包括若干个选择项,每一项又可有下一级菜单,这样自上而下在屏幕上逐级显示,用一个个窗口的形式显示在屏幕上,供用户选择,操作完毕即可从屏幕上消失,并恢复原来的屏幕状态。

Visual Basic 中设计菜单系统的工作是在菜单编辑器中完成的,使用菜单编辑器可为窗体创建出非常专业的菜单系统。

菜单系统在菜单编辑器中创建完成后,还要为每个菜单项编写事件代码。菜单控件只有一个 Click 事件。要让一个菜单项实现某个功能,就要编写它的 Click 事件过程。例如,关闭菜单项的代码如下。

```
Private Sub mnuFileQuit_Click()
        Unload Me
End Sub
```

在一个菜单下调用其他的窗体需要输入如下代码。

```
Private Sub mnuFileShow_Click()
        需调用窗体名称.Show
End Sub
```

【例 7.10】 设计一个简单的文本编辑器菜单,如图 7.17 所示。

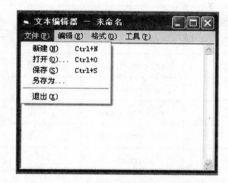

图 7.17 设计简单文本编辑器菜单

设计步骤如下。

(1)新建工程,在窗体上添加一个公共对话框 CommonDialog1 和一个文本框 txtEditor。

(2)打开"菜单编辑器"对话框,按表 7.6 所示设置文本编辑器菜单。

表 7.6 文本编辑器菜单系统设计数据

分 类	标 题	名 称	快 捷 键	缩进层次
菜单标题	文件(&F)	mFile		0
菜单项	新建(&N)	mFileNew	Ctrl+N	1
菜单项	打开(&O)	mFileOpen	Ctrl+O	1
菜单项	保存(&S)	mFileSave	Ctrl+S	1
菜单项	另存为	mFileSaveAs		1
分隔条	—	SptBar01		1
菜单项	退出(&X)	mFileExit		1
菜单标题	编辑(&E)	mEdit		0
菜单项	复制(&C)	mEditCopy	Ctrl+C	1
菜单项	剪贴(&T)	mEditCut	Ctrl+X	1
菜单项	粘贴(&P)	mEditPaste	Ctrl+V	1
菜单项	全选(&A)	mEditSelectAll	Ctrl+A	1

分　类	标　题	名　称	快　捷　键	缩进层次
分隔条	—	SptBar02		1
菜单标题	格式	mFormat		0
菜单项	粗体	mFormatBold	Ctrl＋B	1
菜单项	斜体	mFormatItalic	Ctrl＋I	1
分隔条	—	SptBar03		1
子菜单标题	字体	mFormatF		1
子菜单项	自定义...	mFormatFont	0	2
子菜单项	宋体	mFormatFont	1	2
子菜单项	楷体	mFormatFont	2	2
子菜单项	黑体	mFormatFont	3	2
子菜单标题	字号	mFormatS		1
子菜单项	自定义	mFormatSize	0	2
子菜单项	12	mFormatSize	1	2
子菜单项	14	mFormatSize	2	2
子菜单项	16	mFormatSize	3	2
分隔条	—	SptBar04		1
菜单项	颜色	mFormatColor		1

(3)设置文本框 txtEditor 的属性 MultiLine 为 True,ScrollBars 为 2-Vertical。

菜单建立好后,就需要为菜单分别编写点击事件代码如下。

新建:

```
Private Sub mFileNew_Click()
    frmMain.txtEditor= ""                        '清除文本框内容
    frmMain.Caption= "文本编辑器"
End Sub
```

退出:

```
Private Sub mFileExit_Click()
    Unload Me
End Sub
```

复制:

```
Private Sub mEditCopy_Click()
    Clipboard.SetText txtEditor.SelText
End Sub
```

剪贴:

```
Private Sub mEditCut_Click()
    Clipboard.SetText txtEditor.SelText
    txtEditor.SelText= ""
End Sub
```

粘贴：

```
Private Sub mEditPaste_Click()
    txtEditor.SelText= Clipboard.GetText
End Sub
```

全选：

```
Private Sub mEditSelectAll_Click()
    txtEditor.SelStart= 0
    txtEditor.SelLength= Len(txtEditor.Text)
End Sub
```

7.4.3 弹出式菜单

弹出式菜单是显示在窗体上的浮动式菜单。其显示位置取决于单击时指针的位置。显示的菜单项应当是包含对当前位置最有用处的操作命令。因此,弹出式菜单又称为快捷菜单,它为用户提供了一种访问上下文命令的高效方法。

建立弹出式菜单通常有两步:首先用菜单编辑器建立菜单,然后用 PopupMenu 方法弹出显示。建立菜单的操作与下拉式菜单的建立基本相同,唯一的区别是需把菜单名(即顶级菜单)的"可见"属性设置为 False。

PopupMenu 方法的格式如下。

[对象.]PopupMenu ＜菜单名＞[,flags[,x[,y[,BoldCommand]]]]

说明:

(1)对象,即窗体名,省略该项将打开当前窗体的菜单。

(2)菜单名,是指通过菜单编辑器设计的菜单(至少有一个子菜单项)的名称。

(3)Flags,代表弹出式菜单的位置及性能,Flags 参数的设置分为两类,如表 7.7 所示。

表 7.7　Flags 参数值

分　类	值	说　　明
位置	0	弹出式菜单的左边与参数 X 对齐(默认值)
	4	弹出式菜单以参数 X 为中心
	8	弹出式菜单的右边与参数 X 对齐
性能	0	只能用鼠标左键触发弹出式菜单(默认值)
	2	鼠标左、右键都能触发弹出式菜单

(4)X 和 Y,用来指定弹出式菜单显示位置的横坐标(X)和纵坐标(Y)。如果省略,则弹出式菜单在当前鼠标指针的位置显示。

(5)BoldCommand,指定在显示的弹出式菜单中将以粗体字体出现的菜单项的名称。在弹出式菜单中只能有一个菜单项被加粗。

为了显示弹出式菜单,通常把 PopupMenu 方法放在 MouseDown 事件中,该事件响应所有的鼠标单击操作。一般通过右击显示弹出式菜单,这可以用 Button 变量实现。

【例 7.11】　通过弹出式菜单实现字体、字号的变化。

设计步骤如下。

(1)新建工程,在窗体上添加一个公共对话框 CommonDialog1 和一个文本框 Text1。

(2)通过菜单编辑器设计如下菜单项,如表 7.8 所示。

表 7.8 弹出式菜单项

标 题	名 称	标 题	名 称
字体属性	mnuFont	字形属性	mnuSize
....宋体	mnuFontSong	12	mnuSize12
....仿宋	mnuFontFang	16	mnuSize16
....黑体	mnuFontHei	20	mnuSize20
....楷体	mnuFontKai	24	mnuSize24

说明:"可见"属性设为 False。

(3)编写程序代码。

字体属性弹出式菜单的代码编写如下。

```
Private Sub mnuFontSong_Click()
    Text1.FontName= "宋体"
End Sub
Private Sub mnuFontFang_Click()
    Text1.FontName= "仿宋_GB2312"
End Sub
Private Sub mnuFontHei_Click()
    Text1.FontName= "黑体"
End Sub
Private Sub mnuFontKai_Click()
    Text1.FontName= "楷体_GB2312"
End Sub
Private Sub Text1_MouseDown(Button As Integer,Shift As Integer,X As Single,Y
As Single)
    If Button= 2 Then
        PopupMenu mnuFont
    End If
End Sub
```

字形属性弹出式菜单的代码编写如下。

```
Private Sub mnuSize12_Click()
    Text1.FontSize= "12"
End Sub
Private Sub mnuSize16_Click()
    Text1.FontSize= "16"
End Sub
Private Sub mnuSize20_Click()
    Text1.FontSize= "20"
End Sub
Private Sub mnuSize24_Click()
    Text1.FontSize= "24"
```

```
        End Sub
        Private Sub Form_MouseDown(Button As Integer,Shift As Integer,X As Single,Y As
Single)
                If Button= 2 Then PopupMenu mnuSize
        End Sub
```

当鼠标指针处于文本框内时,单击鼠标右键将弹出字体属性菜单;当鼠标指针位于窗体时,则弹出字形属性菜单,如图 7.18 所示。

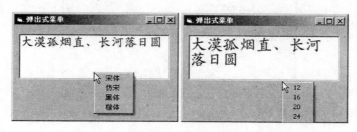

图 7.18 弹出式菜单

 ## 7.5 工具栏设计

工具栏为用户提供了应用程序中最常用的菜单命令的快速访问,增强了应用程序菜单系统的可操作性。工具栏以其直观、快捷的特点出现在各种应用程序中,它使用户不必在一级一级的菜单中去搜寻需要的命令,给用户带来了比菜单更为快速的操作。

工具栏的制作有两种方法:一是使用命令按钮和图片框来手工制作,二是通过使用 Toolbar 控件与 ImageList 控件来制作。实际操作中,前一种较少使用。要使用 ToolBar 控件、ImageList 控件和 StatusBar 控件,都必须先为工程加载"Microsoft Windows Common Controls 6.0"控件。

创建工具栏的一般步骤如下。

(1)在窗体中添加一个 ToolBar 控件,如果要在工具栏中的按钮上显示图像,则还需要添加一个 ImageList 控件。

(2)在 ImageList 控件中添加工具栏按钮所需的图像。

(3)建立 ToolBar 控件与 ImageList 控件的关联。

(4)在 ToolBar 控件中创建 Button 对象,从 ImageList 控件中选取图像。

(5)在工具栏的 ButtonClick 事件中为各按钮编写代码。

【例 7.12】 为文本编辑器添加工具栏,如图 7.19 所示。

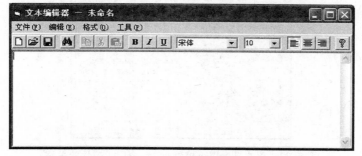

图 7.19 工具栏的应用

设计步骤如下。

(1)打开设计好的文本编辑器,在窗体中添加一个 ToolBar 控件。

(2)在 ImageList 控件中插入工具栏所需的图像。

右击 ImageList 控件,在"通用"选项卡中选定图像尺寸(16 * 16),如图 7.20 所示。

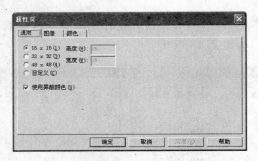

图 7.20　在"通用"选项卡中设置图像尺寸

切换到"图像"选项卡,单击"插入图片"按钮,插入所需的全部图像,如图 7.21 所示。ImageList 控件的 ListImage 属性是对象的集合,每个对象可以存放图片文件。图片文件类型有.bmp,.ico,.jpg 和.gif 等,并可通过索引(Index)或关键字(Key)来引用每个对象。控件具有标准的集合方法,即 Add,Remove 和 Clear。利用这些方法,运行时用户可以添加、删除图像。一旦 ImageList 关联到其他控件,就不能再删除或插入图像了。

图 7.21　在"图像"选项卡中插入图片

(3)建立 ToolBar 控件与 ImageList 控件的关联。

右击窗体上的 ToolBar 控件,打开"属性页"对话框,利用"通用"选项卡中的"图像列表"属性建立与 ImageList 控件的关联,如图 7.22 所示。

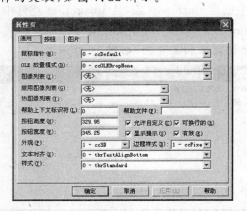

图 7.22　建立 ToolBar 控件与 ImageList 控件的关联

（4）在 ToolBar 控件中创建 Button 对象，从 ImageList 控件中选取图像。

在"属性页"对话框中切换到"按钮"选项卡，创建按钮（Button）对象，如图 7.23 所示。

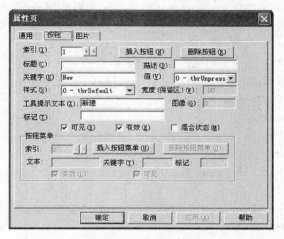

图 7.23 创建按钮对象

其中各项功能说明如下。

① 插入按钮、删除按钮 在 Button 集合中添加元素使用插入按钮，在 Button 集合中删除元素使用删除按钮。通过 Button 集合可以访问工具栏中的各个按钮。

② 索引、关键字 工具栏中的按钮通过 Button 集合进行访问，集合中的每个按钮都有唯一的标识，Index 属性和 Key 属性就是这个标识。Index 为整型，Key 为字符串型，访问按钮时可以引用二者之一。

③ 标题（Caption）、描述 标题是显示在按钮上的文字；描述是按钮的说明信息。

④ 值（Value） Value 属性决定按钮的状态，0-tbrUnpressed 为弹起状态，1-tbrPressed 为按下状态。

⑤ 样式（Style） Style 属性决定按钮的行为特点。与按钮相关联的功能可能受到按钮样式的影响，如表 7.9 所示。

表 7.9 Button 对象 Style 属性设置值

常 数	值
tbrDefault	0
tbrCheck	1
tbrButtonGroup	2

在"属性页"对话框中切换到"按钮"选项卡，单击"插入按钮"按钮，"索引"文本框中的数值自动设置为 1，同时，工具栏中将出现一个空白按钮。依次添加全部按钮。

（5）在工具栏的 ButtonClick 事件中为各按钮编写代码。

```
Private Sub Toolbar1_ButtonClick(ByVal Button As MSComctlLib.Button)
   Select Case Button.Key
     Case"New"
       mFileNew_Click                    '调用"新建"菜单的功能
     Case"Open"
```

```
            mFileOpen_Click                    '调用"打开"菜单的功能
        Case"Save"
            mFileSave_Click                    '调用"保存"菜单的功能
        Case"Copy"
          Clipboard.SetText txtEditor.SelText
        Case"Cut"
          Clipboard.SetText txtEditor.SelText
          txtEditor.SelText= ""
        Case"Paste"
          txtEditor.SelText= Clipboard.GetText
        Case"Bold"
          txtEditor.FontBold= Toolbar1.Buttons("Bold").Value
        Case"Italic"
          txtEditor.FontItalic= Toolbar1.Buttons("Italic").Value
        Case"Underline"
          txtEditor.FontUnderline= Toolbar1.Buttons("Underline").Value
        Case"Left"
          txtEditor.Alignment= vbLeftJustify
        Case"Center"
          txtEditor.Alignment= vbCenter
        Case"Right"
          txtEditor.Alignment= vbRightJustify
    End Select
End Sub
```

习 题 7

1. 选择题

(1)当拖动滚动条的滑块时,将触发滚动条的(   )事件。

A. Move   B. Change   C. Scroll   D. SetFocus

(2)若要向列表框中新增列表项,所使用的方法是(   )。

A. Add   B. Remove   C. AddItem   D. Clear

(3)下列四个控件中具有 FileName 属性的是(   )。

A. 驱动器列表框   B. 文件列表框   C. 目录列表框   D. 列表框

(4)使用菜单编辑器设计菜单时,必须输入的项是(   )。

A. 快捷键   B. 索引   C. 标题   D. 名称

(5)菜单事件唯一可以识别的是(   )事件。

A. Click   B. Load   C. GotFocus   D. KeyDown

2. 填空题

(1)_____属性用于设置或返回滚动条当前的值。

(2)使用目录列表框的_____属性可以设置或返回工作目录的完整路径。

(3)CommonDialog 控件可以显示为六种类型的对话框,若要显示"另存为"对话框,需要使用的方法是_____。

(4)弹出一个快捷菜单的方法是_____。

(5)工具栏中的按钮若要显示图片,必须和_____控件配合使用。

3.简述题

(1)简述创建下拉式菜单的方法。

(2)什么是快捷菜单？何时使用快捷菜单？

(3)如何在弹出菜单的菜单项之间插入分隔线？

(4)简述创建工具栏的一般步骤。

(5)如何使驱动器列表框、目录列表框和文件列表框保持同步工作？

第8章 文件管理与操作

8.1 文件系统的概念

8.1.1 文件的概念

1. 文件的含义

在之前各章中,应用程序所处理的数据存储于变量或数组中,即数据只能保存在内存中,当退出应用程序时,数据即不复存在。在一些应用程序中,有时需要永久保存用户的输入信息及应用程序的处理结果。这就要求将这些数据以文件的形式保存到外存储器中。文件就是以一定的组织形式存放于外存储器的数据。它是操作系统管理数据的最小单位。文件按组织形式可以分为顺序文件、随机文件两类,按存储信息的形式可以分为文本文件和二进制文件两类。

2. 记录与用户自定义数据类型

文件在逻辑上是由大量性质相同的记录组成的集合。记录是有一定结构的数据的集合。记录对应 Visual Basic 的用户自定义数据类型。对文件的读与写都是以记录为最小单位进行的。

8.1.2 文件系统的基本操作

Visual Basic 对文件系统的操作分为对文件的操作和对文件夹的操作两种。

1. 对文件的操作

一个程序有时需要保存用户输入的数据及处理后的结果,这就需要该程序要有文件操作功能。

Visual Basic 对文件操作主要有以下几方面。

(1)创建一个新文件,向文件中添加或删除数据及读文件。

(2)移动、复制和删除文件。

(3)用文件系统对象 FSO(File System Object)访问文件。

(4)用传统的文件 I/O 语句和函数处理文件。

2. 对文件夹的操作

Visual Basic 对文件夹的操作主要有以下几方面。

(1)检测指定驱动器并获得驱动器的信息,例如,判断驱动器是否存在及驱动器的容量、已占用的时间等信息。

(2)检测指定文件夹并获得文件夹的信息,例如,判断文件夹是否存在,以及获得诸如名称、创建日期或最近修改日期等信息。

(3)创建、移动、复制和删除文件夹等。

从上述可以看出 Visual Basic 对文件的操作能力是很强的。Visual Basic 对文件操作除了可以使用传统的 Visual Basic 语句和命令之外,还可以使用文件系统对象 FSO。

8.1.3 文件的类型

Visual Basic 可以访问顺序文件、随机文件和二进制文件三种类型文件。

1. 顺序文件

顺序文件的记录长度和结构可以是不固定的。顺序文件被建立后,记录总是从文件的开始处一条一条地顺序写入存储器。当要读取某条记录时,必须从第一条记录开始读取,直至找到所需的那条记录。也就是说,顺序文件的记录,其建立顺序、排列顺序、读出顺序三者是一致的。或者说,逻辑顺序与物理顺序一致。当要向顺序文件添加记录时,只能把数据加入到文件末尾。对顺序文件的插入、删除等修改很不方便。因此,顺序文件适用于数据修改不频繁的场合。

顺序文件适用于读写在连续块中的文本文件。文件中的每一个字符都被假设为代表一个文本字符或者文本格式序列,比如换行符(NL)。数据可以被存储为 ANSI 字符或 Unicode 字符。这种文件可以由记事本等文件编辑器进行编辑。

2. 随机文件

随机文件适用于读写有固定长度记录结构的二进制文件。可以用用户定义的类型来创建由各种各样的字段组成的记录,记录中每个字段可以有不同的数据类型。

随机文件的特点是组成文件的每一个记录都有一个唯一的记录号,随机文件记录的逻辑顺序和物理顺序可以是不一致的,即依次送入文件的记录在存储设备上的位置不一定相邻近。因此,可以根据需要写入或读取某一条指定的记录。与顺序文件相比,这种文件读与写的速度快,而且有较大的灵活性。由于采用二进制文件存放数据,故随机文件比顺序文件所占用的存储空间小。

3. 二进制文件

二进制文件适用于读写任意结构的文件。二进制访问能提供对文件的完全控制,因为文件中的字节可以代表任何东西。除了没有数据类型或记录长度的含义外,它与随机访问很相似。为了能够正确地对它进行检索,必须精确地知道数据是如何写到文件中的。因为不需要固定长度的字段,所以通过使用二进制型访问可使使用的磁盘空间降到最小。

8.1.4 对文件访问的基本步骤

把创建一个新文件、向文件添加或删除数据,以及读文件都称为对文件的访问。无论访问何种类型的文件,它的基本步骤都是:①新建或打开一个文件;②写入或读出数据;③关闭文件。

 ## 8.2 文件系统控件

许多关于文件系统的应用程序必须显示关于磁盘驱动器、文件夹和文件的信息。为使用户能够利用文件系统,Visual Basic 提供了 ▭ DriveListBox、▭ DirListBox 和 ▤ FileListBox 这三种特殊的控件,称为文件系统控件。文件系统控件能自动从操作系统获取文件系统的信息,方便了程序编写。

文件系统控件可单独使用,也可组合起来使用。组合使用时,可在各控件的事件过程中编写代码来判断它们之间的交互方式。图 8.1 显示了一起使用的三个文件系统控件。

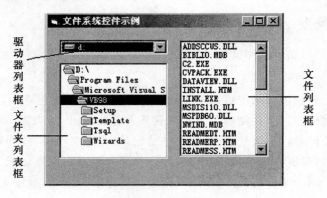

文件列表框

图 8.1 文件系统控件

文件系统控件及其属性分别介绍如下。

1. 驱动器列表框

驱动器列表框控件的作用是为用户提供有效的磁盘驱动器选择。在默认情况下,驱动器列表框显示的是系统的当前驱动器,供用户选择。

1)驱动器列表框的属性

(1)Drive 属性　Drive 属性是驱动器列表框最主要的属性,用于设置或访问所要操作的驱动器。该属性只能在运行时由程序代码设置或访问,设计阶段无效,其语法格式如下。

驱动器列表框名. Drive[＝驱动器名]

例如,要设置当前驱动器位于 D 盘,则可用如下语句来实现。

```
Drive1.Drive= "D:\"
```

(2)List 属性　访问驱动器列表框中的列表项目,其方式与普通列表框类似,使用 List 属性访问。此外,ListCount 表示列表项目的个数,ListIndex 表示当前选中项目在列表中的位置。

2)驱动器列表框的常用事件

驱动器列表框的常用事件主要是 Change 事件。在程序运行阶段,选择了一个新的驱动器或改变驱动器列表框的 Drive 属性值,均将引发 Change 事件。

2. 文件夹列表框

文件夹列表框控件用于显示当前驱动器或指定驱动器上的文件夹结构。显示时从根文件夹开始,各级子文件夹按文件夹的层次结构依次缩进。通过双击列表中的一个文件夹项,可以打开该文件夹的下一级子文件夹,从而浏览全部的文件夹结构。

1)文件夹列表框的属性

(1)Path 属性　Path 属性是文件夹列表框最主要的属性,用于设置或返回要显示文件夹结构的驱动器路径或文件夹路径。该属性仅在运行时有效,设计时无效。在程序中,通过访问该属性,可获得文件夹列表框中显示的当前文件夹。其语法格式如下。

变量名＝文件夹列表框名. Path

例如,若文件夹列表框名为 Dir1,要获得当前文件夹结构,其语法如下。

Text1. Text＝Dir1. Path

若要设置当前文件夹路径为 D:\aaa,则可用如下语句来实现。

```
Dir1.Path= "D:\aaa"
```

文件夹列表框常与驱动器列表框配合使用,以便当驱动器改变时,文件夹列表框的内容也能随之改变。实现的方法是在驱动器列表框(Drive1)的 Change 事件中为文件夹列表框(Dir1)的 Path 属性赋值,示例代码如下。

```
Private Sub Drive1_Change()
    Dir1.Path= Drive1.Drive
End Sub
```

(2)List 属性　文件夹列表框的 List 属性数组中包含了所有的文件夹列表项目,其方式与普通列表框类似。ListCount 属性表示当前文件夹下的一级子文件夹个数,ListIndex 表示当前选中的项目在列表中的位置。

2)文件夹列表框的事件

文件夹列表框的事件主要是 Change 事件和 Click 事件。在实际编程中,最常用的是 Change 事件,该事件在文件夹列表框的 Path 属性发生改变时产生。

3. 文件列表框

文件列表框用来显示所选择文件类型的文件列表,可以在应用程序中创建文件列表框控件,通过它选择一个文件或一组文件。

1)文件列表框的属性

(1)Path 属性　用于设置或返回当前工作文件夹的完整路径。其格式如下。

文件列表框名称. Path＝Pathname

(2)Pattern 属性　用于指定在文件列表框中要显示的文件类型。通过设置该属性,对所显示的文件进行过滤。其格式如下。

文件列表框名称. Pattern[＝文件类型表达式]

(3)FileName 属性　用于设置或返回所选文件的路径和文件名。

(4)MultiSelect 属性　用于设定文件列表框中是否允许选择多个文件。

2)文件列表框的事件

文件列表框常用的事件有 Path、Change、PatternChange、DblClick、Click、GotFocus 和 LostFocus 等。

4. 文件控件对象的同步操作

直接绘制在窗体中的驱动器列表框、文件夹列表框和文件列表框之间并无联系,为了让它们同步,就需要通过编程实现彼此的关联,以便查看整个驱动器文件。

【例 8.1】　通过驱动器列表框、文件夹列表框和文件列表框同步操作,将选中的图像文件显示在图像框中。

设计步骤如下。

(1)新建工程,在窗体上添加驱动器列表框 Drive1、文件夹列表框 Dir1、文件列表框 File1 和图像框 Image1。

(2)设置图像框 Image1 的 BorderStyle 属性为 1,Stretch 属性为 True。

(3)编写程序代码如下。

```
Private Sub Drive1_Change()
    Dir1.Path= Drive1.Drive            '若选定新驱动器,则 Dir1 列表框更新显示
End Sub
Private Sub Dir1_Change()
```

```
            File1.Path= Dir1.Path                           '更新文件列表框,以便与目录列表框
                                                             同步

            File1.Pattern= "* .gif;* .bmp;* .jpg;* .jpeg" '设置文件列表框中显示文件的类
                                                             型,只显示图像文件

        End Sub
        Private Sub File1_Click()
            Dim s As String
            s= File1.Path &"\"& File1.FileName                '设置图像完整路径
            Image1.Picture= LoadPicture(s)                    '加载图像
        End Sub
```

运行程序,单击驱动器列表框选择不同的盘符,单击文件夹列表框,选择一个目录,单击
文件列表框,选择一个图片文件,对应的图片就显示在图像框中,显示效果如图 8.2 所示。

图 8.2 被选中图片的显示效果

8.3 文件存取操作

8.3.1 访问顺序文件

当要处理只包含文本的文件时,比如由典型文本编辑器所创建的文件,其中的数据没有
分成记录的文件,使用顺序型访问较好。顺序型访问不太适于存储很多数字,因为每个数字
都要按字符串存储。

1. 打开顺序文件

无论访问什么类型的文件都是用 Open 语句来创建一个新文件或打开一个已存在的
文件。

打开一个顺序文件,Open 语句语法如下。

Open Filename For〔Input/Output/Append〕As Filenumber〔Len＝buffersize〕

其中,Filename 参数为必选项,指定要打开文件的文件名,可包含驱动器和目录。Input 参数
以从文件读取数据的模式打开文件,以此形式打开文件时,该文件必须已存在。OutPut 参
数以向文件写入数据的模式打开文件,以此形式打开文件时:若该文件已存在,则从文件开
始位置写入数据,新数据将覆盖原数据;若该文件不存在,则自动创建一个新文件,并从该文
件的开始位置写入数据。Append 参数以向文件尾部追加数据的模式打开文件,以此形式打

开文件时:若该文件已存在,则从文件尾部写入新数据,而文件中原有数据保留不变;若该文件不存在,则自动创建一个新文件,并从该文件的开始位置写入数据。

filenumber 参数为必选项,给打开的文件指定文件号,其取值范围为 1～511 之间的整数。为了防止重选当前使用的文件号,Visual Basic 提供了一个可自动获取下一个未使用的文件号的函数 Freefile。Len=buffersize 参数为可选项,在文件与程序间复制数据时指定缓冲区的字符数。

在打开一个文件以后,若要进行其他类型的操作,则必须先使用 Close 语句关闭它,然后再重新打开它。

2. 向顺序文件写入数据

1)Print 语句

运用 Print 语句将格式化显示的数据写入顺序文件中,格式如下。

Print <**Filenumber**>,[**Spc(n)**|**Tab(n)**],<**Outputlist**> [;|,]

其中:Spc(n)参数设置数据之间空格数;Tab(n)参数设置数据在第 n 列位置写入";",分号";"参数表示各数据采用紧凑格式写入,数据之间无分隔符;逗号","参数表示每个数据占用一个打印区,一个打印区宽度为 14 个字符。

【例 8.2】 使用 Print ♯语句将数据写入一个文件。

```
Private Sub Command1_Click()
Open"c:\testfile.txt"For Output As # 1      '打开输出文件
Print # 1,"This is a test"                  '将文本数据输入文件
Print # 1,                                   '将空白行写入文件
Print # 1,"Zone 1"; Tab;"Zone 2"            '数据写入两个区(Print zones)
Print # 1,"Hello";"";"World"                '以空格隔开两个字符串
Print # 1,Spc(5);"5 leading spaces"         '在字符串前写入五个空格
Print # 1,Tab(10);"hello"                    '将数据写在第十列
'赋值 Boolean、Date、Null 及 Error 等
Dim MyBool,MyDate,MyNull,MyError
MyBool= False:MyDate= # 2/12/1969# :MyNull= Null
MyError= CVErr(32767)
'True、False、Null 及 Error 会根据系统的地区设置自动转换格式
'日期将以标准的短式日期的格式显示
Print # 1,MyBool;"is a Boolean value"
Print # 1,MyDate;"is a date"
Print # 1,MyNull;"is a null value"
Print # 1,MyError;"is an error value"
Close # 1                                    '关闭文件
End Sub
```

用记事本打开文件,效果如图 8.3 所示。

2)Write 语句

与 Print 语句类似,但是将数据输入文件时,Write 语句会在输出项目之间插入逗号,字符串用引号界定。没有必要输出的列表中输入明确的分界符。Write 语句在将 Outputlist 中的最后一个字符写入文件后会插入一个新行字符,即回车换行符(Chr(13)＋Chr(10))。

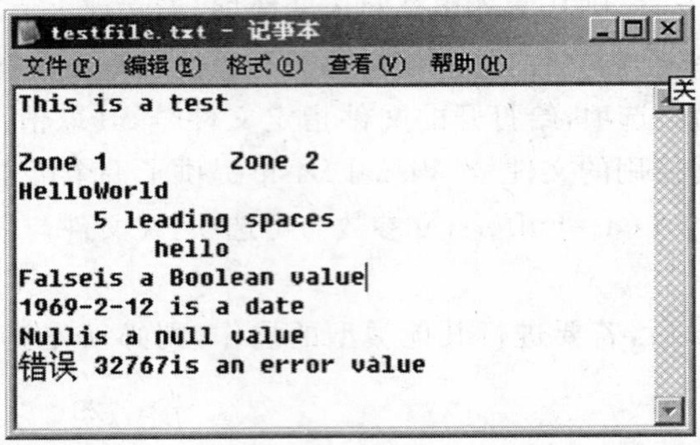

图 8.3 打开文件后的效果

3. 从顺序文件中读取数据

1)Input 语句

Input 语句的格式如下。

Input ＜Filenumber＞,＜ Varlist＞

其中,Varlist 参数用来保存从文件中读取的数据的变量表。变量间用逗号分隔,变量的类型和个数应与从文件中读取的数据类型和个数一致。

Input 语句从第一个不为空格的内容开始,连续读取数据,直至再次遇到空格、逗号或行尾,最后遇到文件结束符为止。它常与 Write 语句搭配使用。

【例 8.3】 用 Input 语句从顺序文件"c:\ testfile. txt"中读取数据,其程序代码如下。

```
Private Sub Commandl_Click()
Dim Mystring,MyNumber
Open"c:\testfile.txt"For Input As # 1        '打开输入文件
Do While Not EOF(1)                          '循环至文件尾
  Input # 1,Mystring,MyNumber                '将数据输入两个变量
  Print Mystring,MyNumber                     '在窗口中显示数据
Loop
End Sub
```

2)Line Input 语句

Line Input 语句的格式如下。

Line Input ＜Filenumber＞,＜Varname＞

其中,Varname 参数用于保存从文件读取的数据的变量名称。

Line Input 语句用于指定文件中两个硬回车间的数据读取,即以段为单位读取信息,包括软回车。其常用 EOF()函数来测试是否到文件尾。

【例 8.4】 用 Line Input 语句逐行读取文件,其程序代码如下。

```
Dim LinesFromFile,NextLine As String
Do Until EOF(filenum)
    Line Input # FileNum,NextLine
    LinesFromFile= LinesFromFile+ NextLine+ Chr(13)+ Chr(10)
Loop
```

3)Input 函数

Input 函数的格式如下。

Varname＝Input(＜Charlength＞,＜Filenumber＞)

其中,Charlength 参数指定要读取的字符长度,范围为 1～65 535 间的整数。Input 函数是从指定文件中读取指定长度的数据。它可读取任何字符,如换行符、空格、软回车及硬回车等。

Input 函数只适用于以 Input 或 Binaty 方式打开的文件。

【例 8.5】 用 Input 函数从顺序文件"c:\textfile. txt"读取数据。其程序代码如下。

```
Private Sub Command1_Click()
Dim MyChar
  Open"c:\testfile.txt"For Input As # 1        '打开文件
  Do While Not EOF(1)                          '循环至文件尾
      MyChar= Input(1,# 1)                     '读入一个字符
      Print MyChar:                            '显示到窗口
Loop
Close # 1
End Sub
```

程序中的 EOF 函数,返回一个 Boolean 值。它的值为 True 时,表明已经到达以 For Input 方式打开的随机或顺序文件的结尾。

使用 EOF 是为了避免因试图在文件结尾处进行输入操作而产生的错误。其语法如下。

EOF(Filenumber)

其中,Filenumber 参数是一个 Integer,包含任何有效的文件号。

4. 关闭文件

用 Close 语句关闭文件。其格式如下。

Close[Filenumberlist]

其中,可选的 Filenumberlist 参数为一个或多个文件号,Filenumber 为任何有效的文件号,其语法如下。

[(#)**Filenumber**][,[#]**Filenumber**]...

若省略 Filenumberlist,则将关闭 Open 语句打开的所有活动文件。

当关闭 Output 参数或 Append 参数打开的文件时,将属于此文件的最终输出缓冲区写入操作系统缓冲区。所有与该文件相关联的缓冲区空间都被释放。

当执行 Close 语句时,文件与其文件号之间的关联将终结。

8.3.2 访问随机文件

File System Object 模式不提供随机文件创建或访问的方法,只能访问顺序文件。顺序文件的缺陷在于,访问文件中任一位置数据,都必须从文件起始处顺序访问,访问效率低。随机文件由若干相同结构和长度的记录组成,每个记录包含一个或多个字段,具有多个字段的记录对应于用户定义类型。随机文件的访问方法如下。

1. 定义记录类型

在打开一个文件进行随机访问之前,应先定义一个用户自定义的数据类型,该类型对应于文件的记录。例如,一个雇员记录文件可定义为一个称为 Person 的用户自定义的数据类型,其代码编写如下。

```
Type Person
    ID                As Integer
    MonthlySalary     As Currency
```

```
             LastRewDate                  As Long
             FirstName                    As String * 15
             LastName                     As string * 15
             Title                        As String * 15
             ReviewComments               As String * 150
       End Type
```

由于随机访问文件中的所有记录都必须有相同的长度,所以,字符串字段应指定其固定长度,如以上的 Person 类型 FirstName 与 LastName 字段都具有 15 个字符的固定长度。

2. 定义变量

定义记录变量和程序所需要的其他变量。

3. 打开要访问的随机文件

要打开要访问的随机文件,Open 语句的语法如下。

Open pathname〔For Random〕As Filenumber Len＝Reclength

表达式 Len＝Reclength 指定了每个记录的字节数。注意:Visual Basic 的字符串变量存储的是 Unicode 字符串,因此,Person 自定义类型的存储字节数是 408(Byte)而不是 209(Byte)。要想获得变量的字节长度应使用 lenB 函数,而不能使用 len 函数。因为 LenB 返回的是用于代表字符串的字节数,而不是返回字符串中字符的数量。

如果 Reclength 比写入文件记录的实际长度短,则会产生一个错误;如果 Reclength 比记录的实际长度长,则记录可写入,只是会浪费磁盘空间。

4. 编辑已打开的随机文件

(1)把记录读入变量。使用 Get 语句把记录复制到变量。其格式如下。

Get〔＃〕Filenumber,〔Recnumber〕,Varname

其中,Filenumber:任何有效的文件号。

Recnumber:可选项。Variant(Long)类型,记录号(Random 方式的文件)或字节数(Binary 方式的文件),以表示在此处开始读出数据。

Varname:必有项,一个有效的变量名,将读出的数据放入其中。

(2)把变量写入记录。使用 Put 语句把记录添加或者替换到随机访问打开的文件。其格式如下。

Put〔＃〕Filenumber,〔Recnumber〕,Varname

其中,Filenumber:必有项,任何有效文件号。

Recnumber:可选项。Variant(Long)类型,是记录号(Random 方式的文件)或字节数(Binary 方式的文件),指明从此处开始写入。

Varname:必有项,包含要写入磁盘的数据的变量名。

(3)替换记录。要替换记录,也使用 Put 语句,指定想要替换的记录号。

(4)添加记录。要向随机访问打开的文件的尾端添加新记录,仍使用 Put 语句。不过应将 Recnumber 的值设置为比文件中的记录数多 1。

5. 关闭文件

【例 8.6】 访问随机文件。

```
Private Sub Commandl_Click()
    Dim FileNum As Integer
    Dim Reclength As Long
    Dim Emplopyee As Person
        '计算每条记录的长度
    Reclength= LenB(Emoloyee)
    Employee.ID= 0
    Employee.lastName= "cxzcz"
    '取出下一个可用文件编号
    FileNum= FreeFile
    '用 Open 语句打开新文件
    Open "d:\MYFILE.FIL" For Random As FileNum Len= RecLength
    Put # FileNum,1,Empioyee
Close(1)    '关闭文件
End Sub
```

随机文件可以随机访问文件中的任意一条记录。随机文件是以二进制方式存储数据的。

8.3.3 访问二进制文件

二进制文件是含有编码信息的文件,编码信息需由创建此文件的应用程序解释。二进制文件最好由创建它的应用程序编辑。因为事先不知道创建它的应用程序是如何把数据写到文件中的,其他应用程序很难获得文件中信息,所以,二进制文件可以用于对信息的加密。可以把二进制文件看成是内存中的数据在磁盘中的映射。二进制文件的内容与它们在内存中的表示一样。例如,一个四位的十进制数在二进制文件中用两个字节存储,而在文本文件中,由于采用 ASCII 表示,因此它要占四个字节。所以,二进制文件能节省磁盘空间并能提高数据处理速度。File System Object 模式也不提供二进制文件的创建或访问方法。

1. 打开二进制文件

要打开二进制文件,应使用以下 Open 语句的语法。

Open Pathname ForBinary As Filenumber

可以看到,二进制访问中的 Open 与随机存取的 Open 不同,它没有指定 Len = reclength。

如果在二进制访问中的 Open 语句中包括了记录长度,则被忽略。因此,上一小节中的用户自定义数据类型 Person 中,字符串字段可以不指定长度,可是其磁盘空间的使用降到最低。用长度可变字段来进行二进制输入/输出的缺点,是不能随机地访问记录,而必须顺序地访问记录以了解每一个记录的长度。

2. 与文件有关的函数

1)LOF 函数

LOF 函数返回一个 Long 类型,表示用 Open 语句打开的文件的大小,该大小以字节为单位。其语法如下。

LOF(Filenumber)

其中:Filenumber 参数是一个有效的文件号。

2）Loc 函数

Loc 函数返回一个 Long 类型，在已打开的文件指定当前读/写位置。其语法如下。

Loc(Filenumber)

其中，Filenumber：必有项，该参数是任何一个有效的文件号。

Loc 函数对各种文件访问方式的返回值如下。

（1）Random（随机文件）：返回上一次对文件进行读出或写入的记录号。

（2）Sequential（顺序文件）：返回文件中当前字节位置除以 128 的值。但是，对于顺序文件而言，不会使用 Loc 的返回值，也不需要使用 Loc 的返回值。

（3）Binary（二进制文件）：返回上次读出或写入的字节位置。

在用 Input 函数读出二进制文件时，要用 LOF 和 Loc 函数。

在 Binary、Input 和 Random 方式下可以用不同的文件号打开同一个文件，而不必先将该文件关闭。在 Append 和 Output 方式下，如果要用不同的文件号打开同一个文件，则必须在打开文件之前先关闭该文件。

【例 8.7】 访问二进制文件。

```
Option Expict
Private Type Person
    ID As Integer
    FirstName As String
End Type


Private Sub Form_load()
    Open"d:\abc.pxw"ForBinary As # 1
    Dim a As Person
    a.ID= 1000
    a.FirstName= "pxw"
    Put # 1,,a
    Close # 1
End Sub


Prevate Sub Commandl_Click()
    Dim a As Person
    Open "d:\abc,pxw"For Binary As # 1
    Get # 1,,a
    MsgBox a.ID
    MsgBox a.FirstName
    Close # 1
End Sub
```

8.4 文件系统对象模型

8.4.1 文件系统简介

文件系统对象模型（FSO）的英文全称是 File System Object。这种对象模型提出了有别于传统文件操作语句处理文件和文件夹的技巧。通过采用 object. method 这种在面向对象编程中广泛使用的语法,将一系列操作文件和文件夹的动作通过调用对象本身的属性直接实现。

FSO 对象模型不仅可以像使用传统文件操作语句那样实现文件的创建、改变、移动和删除,而且可以检测是否存在指定的文件夹,如果存在,那么了解这个文件夹位于磁盘上的什么位置。更令人高兴的是,FSO 对象模型还可以获取关于文件和文件夹的信息,如名称、创建日期或最近修改日期等,以及当前系统中使用的驱动器信息,例如,驱动器的种类是 CD-ROM 还是可移动磁盘,当前磁盘的剩余空间还有多少。而以前要获取这些信息必须通过调用 Windows API 函数集中的相应函数才能实现。

FSO 对象模型包含在 Scripting 类型库(Scrrun. Dll)中,如果尚未对其进行引用,可选择"工程"→"引用"命令,在打开的对话框中选中"Microsoft Scripting Runtime"复选框,如图8.4 所示。

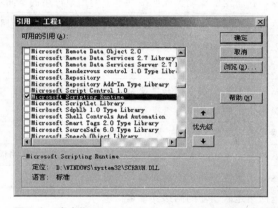

图8.4 选中"Microsoft Scripting Runtime"复选框

FSO 对象模型包含以下五个对象。

(1)Drive 对象:用来收集驱动器(的)信息,例如,可用磁盘空间或驱动器的类型。

(2)Folder 对象:用于创建、删除或移动文件夹,同时可以进行向系统查询文件夹的路径等操作。

(3)Files 对象:与 Folder 基本相同,所不同的是 Files 的操作主要是针对磁盘上的文件进行的。

(4)FileSystemObject 对象:是 FSO 对象模型中最主要的对象,它提供了一套完整的可用于创建、删除文件和文件夹,收集驱动器、文件夹、文件相关信息的技巧。

(5)TextStream 对象:用来完成对文件的读写操作。

8.4.2 FSO 对象模型的应用

1. 创建 FSO 对象模型

创建 FSO 对象可以采用以下两种方法。

(1)将一个变量声明为 FSO 对象类型,其格式如下。

Dim<变量名>As New FileSystemObject

(2)通过 CreateObject 方法创建一个 FSO 对象,其格式如下。

Set<变量名>=CreateObject("Scripting. FileSystemObject")

例如:

175

```
Dim fso1 As New FileSystemObject
Dim fso2 As Object
Set fso2＝CreateObject(" Scripting. FileSystemObject ")
```

完成了 FSO 对象模型的创建之后,就可以利用创建的对象模型的方法访问下属各个对象的属性来获取所需信息或进行相关操作。具体的方法结合下面各个对象分别讲述。

2. Drive 对象

上面已经提到 Drive 对象是用来获取当前系统中各个驱动器的信息的。由于 Drive 对象没有方法,其应用都是通过属性表现出来的,所以我们必须熟悉 Drive 对象的属性。其属性如表 8.1 所示。

表 8.1　Drive 对象的属性

属　　性	描　　述
AvailableSpace	返回在指定的驱动器或网络共享上的用户可用的空间容量
DriveLetter	返回某个指定本地驱动器或网络驱动器的字母,这个属性是只读的
DriveType	返回指定驱动器的磁盘类型
FileSystem	返回指定驱动器使用的文件系统类型
FreeSpace	返回指定驱动器上或共享驱动器可用的磁盘空间,这个属性是只读的
IsReady	确定指定的驱动器是否准备好
Path	返回指定文件、文件夹或驱动器的路径
RootFolder	返回一个 Folder 对象,该对象表示一个指定驱动器的根文件夹
SerialNumber	返回用于唯一标识磁盘卷标的十进制序列号
ShareName	返回指定驱动器的网络共享名
TotalSize	以字节为单位,返回驱动器或网络共享的总空间大小
VolumeName	设置或返回指定驱动器的卷标名

从表 8.1 所示的属性可以看到 Drive 对象基本上包含了日常操作所需的全部的驱动器信息,因此在使用中是非常方便的。

【例 8.8】　下面通过一个实例讲述 Drive 对象的使用。

首先在 Visual Basic 中建立一个工程,然后添加一个命令按钮,将其 Caption 设置为"确定",然后在 Click 事件中加入以下代码。

```
Dim fsoTest As New FileSystemObject
Dim drv1 As Drive,sReturn As String
Set drv1= fsoTest.GetDrive("C:\")
sReturn= "Drive"&"C:\"&vbCrLf
sReturn= sReturn&"VolumeName"&drv1.VolumeName&vbCrLf
sReturn= sReturn&"Total Space:"&FormatNumber(drv1.TotalSize/1024,0)
sReturn= sReturn&"Kb"&vbCrLf
sReturn= sReturn&"Free Space:"&FormatNumber(drv1.FreeSpace/1024,0)
sReturn= sReturn&"Kb"&vbCrLf
sReturn= sReturn&"FileSystem:"&drv1.FileSystem&vbCrLf
MsgBox sReturn
```

其中,GetDrive 方法返回一个与指定路径中的驱动器相对应的 Drive 对象。该方法的语法格式为 Object. GetDrive Drivespec, Object 是一个 FSO 对象的名称, Drivespec 用于指定驱动器的名称。

运行上述代码, 单击"确定"按钮就会弹出一个消息框显示 C 盘的信息, 如图 8.5 所示。

图 8.5 消息框中显示了 C 盘的信息

3. Folder 对象

FSO 对象模型提供了丰富的有关文件夹操作的方法, 这些属性和方法如表 8.2 所示。

表 8.2 Folder 对象的属性和方法

	名　　称	描　　述
属性	Name	文件夹的名称
	Path	返回指定文件夹的路径
	Attributes	设置或返回文件夹的读写性质
方法	FileSystemObject. CreateFoler	创建文件夹
	Folder. Delete 或 FileSystemObject. DeleteFolder	删除文件夹
	Folder. Move 或 FileSystemObject. MoveFolder	移动文件夹
	Folder. Copy 或 FileSystemObject. Copyfolder	复制文件夹
	FileSystemObject. FolderExists	检查文件夹是否存在
	FileSystemObject. GetParentFolderName	查找文件夹的父文件夹名称
	FileSystemObject. GetSpecialFolder	查找系统文件夹的路径

【例 8.9】 编写文件夹管理程序, 可以对文件夹进行创建、复制、移动、删除及更改名称等操作。

建立如图 8.6 所示的界面, 命令控件 Command1(0) 至 Command1(4) 用于各种操作, 文件系统控件中驱动器列表框控件 Drive1 和文件夹列表框控件 Dir 用于选择当前路径。

首先引入"Microsoft Scripting Runtime"。

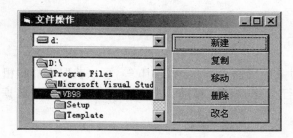

图 8.6 界面

在通用过程中声明对象变量, 编写代码如下。

```
        Dim fso As New filesystemobject,drv As Drive,fol As folder
        Dim s As String
```

编写 Drive1 的 Change 事件代码如下。

```
    Private Sub Drive1_Change()
    Dir1.Path= Drive1.Drive
    End Sub
```

然后编写各种操作代码如下。

```
    Private Sub Command1_Click(Index As Integer)
        Set drv= fso.getdrive(Drive1.Drive)
        Select Case Index
        Case 0'新建
          Set fol= fso.getfolder(Dir1.Path)
          s= InputBox("请输入新创建的文件夹名及路径:","创建新文件","")
          If Len(Trim(s))< > 0 Then Set fol= fso.createfolder(s)
        Case 1'复制
          Set fol= fso.getfolder(Dir1.List(Dir1.ListIndex))
          s= InputBox("请输入目标路径:","复制文件夹",fol.Path)
          If Len(Trim(s))< > 0 And Trim(s)< > fol.Path Then fol.Copy Trim(s)
        Case 2'移动
          Set fol= fso.getfolder(Dir1.List(Dir1.ListIndex))
          s= InputBox("请输入目标路径:","移动文件夹",fol.Path)
          If Len(Trim(s))< > 0 And Trim(s)< > fol.Path Then fol.Move Trim(s)
        Case 3'删除
          Set fol= fso.getfolder(Dir1.List(Dir1.ListIndex))
          If Dir1.ListIndex= - 1 Then
              MsgBox"不能删除正在打开的文件夹!",48,"删除"
          Else
              s= MsgBox("真要删除以下文件夹!",1+ 32+ 256,"删除文件夹")
              If s= 1 Then fol.Delete
          End If
        Case 4'改名
          Set fol= fso.getfolder(Dir1.List(Dir1.ListIndex))
          s= InputBox("请输入更新的文件夹名:","文件夹更名",fol.Name)
          If Len(Trim(s))< > 0 Then fol.Name= s
        End Select
        Dir1.Refresh
    End Sub
```

4. File 对象

通过文件(File)对象的属性,如 Name、Path 等,可以获取文件的相关信息。利用 File 对象的各种方法可以进行创建、删除、移动、复制操作,以及对文件数据的阅读、添加和删除操作。

1)文件的创建

使用 FSO 对象模型创建的文件属于顺序文件,要创建随机文件和二进制文件,要使用带 Random 或 Binary 标志的 Open 命令。

创建一个顺序文件有三种方法,即 FileSystemObject 或 Folder 对象的 CreateTextFile 方法、FileSystemObject 对象的 OpenTextFile 方法、File 对象的 OpenAsTextStream 方法。

CreatTextFile 方法用于创建一个指定的文件名并返回一个用于该文件读写的 TextStream 对象。例如,创建一个"test. txt"文件的程序代码如下。

```
Dim fso as new FileSystemObject,fil AS TextStream
Set fil= fso.CreateTextFile("C:\test.txt",True)
```

OpenTextFile 方法用于打开一个指定的文件并返回一个 TextStream 对象,该对象可用于对文件进行读操作或追加操作。例如,打开"test. txt"文件的程序代码如下。

```
Dim fso As New FileSystemObject,t1 AS TextStream
Set t1= fso.OpenTextFile("C:\test.txt")
```

OpenAsTextStream 方法用于打开一个指定的文件并返回一个 TextStream 对象,该对象可用于对文件进行读、写、追加操作。例如:创建一个文本文件并以写的方式打开。

```
Dim fso as new FileSystemObject,fil AS file
Dim t1 As TextStream
fso.CreateTextFile "C:\test.txt",true
Set fil= fso.GetFile("text.txt")
Set t1= fil.OpenAsTextStream(ForWriting)
```

2)添加数据到文件

文本文件一旦创建,就可以向其中添加数据,添加数据可以分为打开文件、写入数据和关闭文件三个步骤。

打开文件,可以用 File 对象的 OpenAsTextStream 方法,也可以用 FileSystemObject 对象的 OpenTextFile 方法。

向打开的文件写入数据,可以使用 TextStream 对象的 Write、WriteLine 或 WriteBlankLines 方法。Write 方法和 WriteLine 方法都是向对象中添加文本,二者唯一的不同是 WriteLine 方法在文件的末尾添加换行符,WriteBlankLines 方法用于向文本文件中添加指定行数的空行。

使用完文件后需要关闭文件,关闭文件可以使用 TextStream 对象的 Close 方法。

例如:建立新文件"C:\test. txt",并写入文本内容。

```
Private Sub Form_Click()
Dim fso As New FileSystemObject,fil As TextStream
Set fil= fso.OpenTextFile("C:\test.txt",ForAppending,True)
fil.Write("Visual Basic")
fil.Write("程序设计")
fil.WriteBlankLines(2)
fil.WriteLine("全国计算机等级考试二级 VB")
fil.WriteLine("祝大家考试通过")
fil.Close
End Sub
```

用记事本打开"C:\test. txt"文件,运行结果如图 8.7 所示。

3)读取文件数据

从文本文件中读取数据,可以使用 TextStream 对象的 Read、ReadLine 和 ReadAll 方法。Read 方法用于读取文件中指定数量的字符;ReadLine 方法用于读取一整行内容,但不

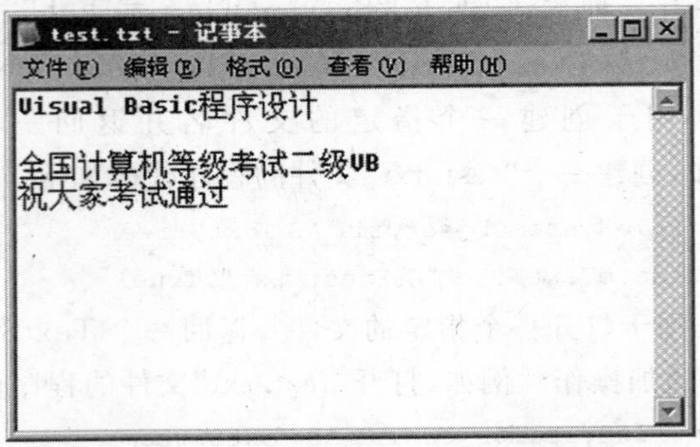

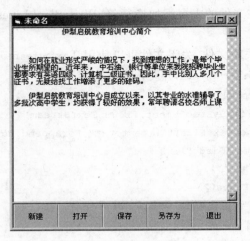

图 8.7 "C:\test.txt"文件内容

包括换行符；ReadAll 方法则读取文本文件的整个内容。读取的内容存放于字符串变量中，用于显示、分析。使用 Read 或 ReadLine 方法读取文件内容时，如果要跳过一部分内容，就要用到 Skip 或 SkipLine 方法。

4）移动、复制和删除文件

对文件的移动、复制和删除，FSO 对象模型都提供了两种方法：一种是 File 对象的 Move、Copy 和 Delete 方法，另一种是 FileSystemObject 对象的 MoveFile、CopyFile 和 DeleteFile 方法。

例如：删除文件"C:\test.txt"，采用 FileSystemObject 方法编写代码如下。

```
Dim fso as new FileSystemObject,fil AS file
Dim re As integer
Set fil= fso.GetFile("C:\test.txt")
Re= msgbox("是否要删除",VbOkCancel,"删除文件")
If re= 1 then fso.DeleteFile(fil)
```

【例 8.10】 利用 FSO 对象模型编写一个如图 8.8 所示的文本编辑器。

图 8.8 文本编辑器

在窗体中添加一个命令按钮数组 Command1(0)至 Command1(4)，分别用于新建、打开、保存、另存为、退出，它位于一个图片框 Picture1 中，并将其 Align 属性设为 2（位于窗体底部）。添加一个公共对话框 CommonDialog1，一个文本框 Text1，并将 Text1 的 MultiLine 属性设为 True，ScrollBars 属性设为 2。编写程序代码如下。

```
Private Sub Form_Load()
Picture1.Height= Form1.ScaleHeight-Text1.Height
With Text1
  .Left= 0
  .Top= 0
  .Width= Form1.ScaleWidth
End With
For i= 0 To 4
  Command1(i).Height= Picture1.Height
Next i
End Sub


Private Sub Command1_Click(Index As Integer)
Dim fso As New FileSystemObject,fil As TextStream
Select Case Index
  Case 0
    Text1.Text= ""
    Form1.Caption= "未命名"
  Case 1
    CommonDialog1.DialogTitle= "打开"
    CommonDialog1.ShowOpen
    fname= CommonDialog1.FileName
    If fname < > ""Then
      Text1.Text= ""
      Set fil= fso.OpenTextFile(fname)
      b= ""
      b= fil.ReadAll
      Text1.Text= Left(b,20000)
    End If
    Form1.Caption= fname
  Case 2
    CommonDialog1.DialogTitle= "保存"
    If Form1.Caption= "未命名"Or Form1.Caption= ""Then
      CommonDialog1.ShowSave
      fname= CommonDialog1.FileName
    Else
      fname= Form1.Caption
    End If
    If fname < > ""Then
      Set fil= fso.CreateTextFile(fname,True)
      fil.Write Text1.Text
      Form1.Caption= fname
    End If
  Case 3
```

```
    CommonDialog1.DialogTitle= "另存为"
    CommonDialog1.ShowSave
    fname= CommonDialog1.FileName
    If fname < > ""Then
      Set fil= fso.CreateTextFile(fname,True)
      fil.Write Text1.Text
      Form1.Caption= fname
    End If
  Case 4
    Text1.Text= ""
  End
End Select
Text1.SetFocus
End Sub
```

习　题　8

(1)在 C 盘当前文件夹下建立一个名为 Student. dat 的顺序文件,当单击"输入"按钮时,可以使用"输入"对话框向文件中输入学生的学号和姓名,单击"显示"按钮时,可以将所有学生的学号和姓名显示在窗体上。

(2)通过界面输入每个人的序号、姓名、电话号码和通信地址,单击"确定"按钮将每个人的通信信息存入一随机文件中,文件的保存位置和名称任意。

(3)打开第(2)题建立的随机文件,在输入某人的姓名之后找出相应的通信信息,并将结果显示在窗体上。

(4)设计一个用户登录界面,若用户名和密码输入均正确,则给出"合法用户"的提示(见图 8.9),否则给出"非法用户"的提示。当单击"添加"按钮时,允许添加新用户(用户的名称和密码以一个文件保存)。

运行界面如图 8.10 所示。

图 8.9　"合法用户"提示

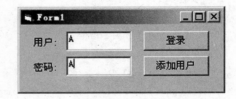

图 8.10　运行界面

第9章 数据库编程

Visual Basic 6.0 提供了多种方式来访问数据库中的数据,除了支持 DAO(数据访问对象)方式和 RDO(远程数据对象)方式外,Visual Basic 还提供了 ADO(ActiveX 数据对象)方式。数据库的编程很复杂,本章只介绍数据库的一些基本知识与 SQL 语句、可视化数据管理器及 ADO 与 ADO 的记录集对象,以帮助读者掌握编写小型的数据库应用程序的方法。

9.1 数据库基础

9.1.1 数据库基本概念

1. 表、记录、字段

数据库中的表类似于日常生活中的二维表,由行与列构成,表中的一行称为记录,表中的一列称为字段。数据库中的表都具有以下特征。

(1)表中每一列都有唯一的字段名。

(2)表中每一列的值域相同。

(3)表中每一列都是不可再分的。

(4)不可以有完全相同的行。

(5)行、列对调不影响数据库中表的意义表达。

2. 数据库

数据库是表的集合。例如:一个学生管理信息系统数据库就包括有专业代码表与学生等多个表,专业代码表与学生表的结构如表9.1和表9.2所示。

表 9.1 专业代码表

字 段 名	字 段 类 型	字 段 长 度
专业号	字符型	6
专业名	字符型	16
所属系	字符型	16

表 9.2 学生表

字 段 号	字 段 类 型	字 段 长 度
学号	字符型	9
姓名	字符型	20
专业号	字符型	6
年龄	整型	—
入学时间	日期型	—

3. 完整性

所谓完整性是指数据的有效性和正确性,在数据库中完整性分为实体完整性、参照完整性与用户自定义的完整性。

在数据库中每一个表都有主键(或称主码)。所谓主键是指表中能唯一标识一条记录的字段名或字段名的集合。例如:专业代码表的主键是"专业号",学生表的主键是"学号"。作为主键的字段在该表中不能为空,而且必须具有唯一性。这个性质被称为实体完整性。

数据库中有的表有外键(或称外码)。所谓外键是指该字段非本表的主键,但它是同一数据库中另一表的主键。例如:学生表有外键"专业号",专业号不是学生表的主键,但它是专业代码表的主键。作为外键的字段的取值或者为空,或者为对应主键取值之一,这个性质被称为参照完整性。例如:学生表中专业号字段取值或者为空,或者为专业代码表中专业号字段的某个值。

用户自定义完整性是指根据实际情况为表记录或表中字段定义的完整性。例如,幼儿园学生的年龄必须在3~6岁之间,学号是由数字组成的字符等。

4. 联系

在数据库中,表和表之间存在以下联系。

(1)一对一的联系:这种联系是指 A 表中的一条记录只能与 B 表中的一条记录相匹配,反之亦然。

(2)一对多的联系:这种联系是指 A 表中的一条记录可以与 B 表中的多条记录有关;反之,B 表中的一条记录只能与 A 表中的一条记录有关。例如,专业代码表与学生表就是一对多的联系。

(3)多对多的联系:这种联系是指 A 表中的一条记录可以与 B 表中的多条记录有关;反之,B 表中的一条记录也可以与 A 表中的多条记录有关。例如,学生表与课程表就是多对多联系。

9.1.2 SQL 语言

SQL(Structured Query Language),即结构化查询语言,是关系数据库的标准语言,它具有功能强大、非过程化、语言简洁易学等特点。

1. SQL 语言的构成

SQL 语言的功能极强,由于设计巧妙,语言十分简洁,因而完成核心功能只用了九个命令动词,如表 9.3 所示。这九个命令动词可以实现数据库、表、索引的创建、删除与修改,也可以实现数据库中记录的查询与更新(包括增加、删除、修改)。

表 9.3 SQL 的命令动词

SQL 功能	动　词
数据查询	SELECT
数据定义	CREATE、DROP、ALLER
数据操纵	INSERT、UPDATE、DELETE
数据控制	GRANT、REVOKE

数据库查询是数据库的核心操作,下面主要介绍实现数据库查询的 SELECT 命令。

2. SELECT 命令

SELECT 命令可以从数据库中检索符合条件的数据,并形成记录集。

SELECT 语句的语法如下。

SELECT ＜目标列表达式＞[,＜目标列表达式＞]...
FROM ＜表名或视图名＞[,＜表名或视图名＞]...
[**WHERE** ＜条件表达式＞]
[**GROUP BY**＜列名1＞ [**HAVING** ＜条件表达式＞]]
[**ORDER BY** ＜别名2＞[ASC|DESC]];

说明：

(1)SELECT 子句：指定查询的输出结果。

(2)FROM 子句：指定查询数据所在的表，以及在连接条件中涉及的表。

(3)WHERE 子句：指定多表之间的连接条件和查询筛选条件，多个条件用 AND 或 OR 连接。

条件表达式可以是以下几种：①关系表达式，运算符有＞、＜、＞＝、＜＝、＝、＜＞等；②逻辑表达式，运算符有 AND、OR、NOT 等。

表与表之间的连接条件常用表间公共属性的等于比较来表示。例如，学生表与专业代码表的公共属性是专业号，两表间的连接可表示为"学生.专业号＝专业代码.专业号"。

(4)GROUP BY 子句：指定对查询结果分组的依据。

(5)HAVING 子句：与 GROUP BY 子句一起使用，指定对分组结果进行筛选的条件。

在 SELECT 子句与 HAVING 子句中使用表9.4中的计算函数组成的表达式。

(6)ORDER BY 子句：指定对查询结果排序的依据。

ASC 指定查询结果升序排列，DESC 指定查询结果以降序排列。缺省值为 ASC。

表9.4　SELECT 语句计算函数

函　　数	功　　能
MIN(＜字段名＞)	求指定字段的最小值
MAX(＜字段名＞)	求指定字段的最大值
AVG(＜字段名＞)	计算一列值的平均值
SUM(＜字段名＞)	计算一列值的总和
COUNT(＊)或 COUNT(＜字段名＞)	统计记录个数

【**例9.1**】　查询学生表中学生的详细信息。

    SELECT ＊ FROM 学生

其中，"＊"代表学生表中的所有字段。

【**例9.2**】　查询学生表中学生的学号、姓名。

    SELECT 学号,姓名 FROM 学生

【**例9.3**】　查询学生表中专业号是"01"的学生的学号与姓名。

    SELECT 学号,姓名 FROM 学生 WHERE 专业号＝"01"

【**例9.4**】　查询学生表中专业号是"01"的女生的详细信息。

    SELECT ＊ FROM 学生 WHERE 专业号＝"01"AND 性别＝"女"

【**例9.5**】　查询各专业学生的平均年龄。

    SELECT 专业号,AVG(年龄)FROM 学生 GROUP BY 专业号

该查询是一分组查询，按专业号进行分组，再对分组后的年龄字段进行平均值统计。

【**例9.6**】　查询人数超过50人的系，显示专业号和人数。

    SELECT 专业号,COUNT(＊)AS 人数 FROM 学生
    GROUP BY 专业号 HAVING COUNT(＊)＞ 50

185

该查询是一分组查询,按专业号进行分组,再对分组后的记录个数进行统计,用 HAVING 字句筛选出记录数超过 50 个的系,因一个学生在学生表中仅为一条记录,因此统计出的记录个数即是人数。

【例 9.7】 查询学生的学号、姓名、所在的专业与专业号。

SELECT 学号,姓名,专业代码.专业号,专业名

FROM 学生,专业代码

WHERE 学生.专业号 = 专业代码.专业号

若字段名在各个表中不是唯一的,则使用时必须以表名作为前缀,以免混淆。例如:例 9.8 中查询"专业号"字段 STUDENT 表与 DDM 表都有,使用时必须以表名作为前缀。

【例 9.8】 查询专业名是"计算机"专业的学生的学号与姓名。

SELECT 学号,姓名,学生.专业号,专业名

FROM 学生,专业代码

WHERE 学生.专业号 = 专业代码.专业号 AND 专业名 = "计算机"

 ## 9.2 Data 控件

工具箱中的 Data 控件 ⬜ 是一个简单、方便、快捷的数据库访问对象,利用它,只需编写很少量的代码即可访问多种数据库中的数据。它可以使用三种类型的 Recordset 对象中的任何一种来提供对存储在数据库中数据的访问。

Recordset(记录集)作为一个对象,可以是数据库中的一组记录,也可以是整个数据表或表的一部分。记录集分为三种类型:Tabel ⬜、Dynaset ⬜ 和 Snapshot ⬜(图标为数据管理器工具栏上的按钮)。表类型记录集(Table)包含表中所有记录,可以对数据表中的数据进行增加、删除、修改等操作,并直接更新数据。动态集类型记录集(Dynaset)可以包含来自于一个或多个表中记录的集合,对这种类型的数据表进行的各种操作都先在内存中进行,以提高运行速度。以快照类型记录集(Snapshot)打开的数据表或由查询返回的数据仅供读取而不能更改,主要适用于进行查询工作。

双击 Data 控件或单击后在窗体上拖动出控件的大小,都可以看到 Data 控件的外观,如图 9.1 所示。

图 9.1 Data 控件的外观

Data 控件的属性有些可用于其他控件,有些则是 Data 控件所特有的。如表 9.5 所示,列出了 Data 控件的一些常用属性。

表 9.5 Data 控件的常用属性

属　性	说　　明
DatabaseName	用于确定数据控件中使用的数据库的完整路径
Connect	指定连接的数据库的类型,默认值为 ACCESS
RecordSource	指定数据空间所连接的记录来源,可以是数据表名,也可以是查询名

属　　性	说　　明
RecordsetType	指定数据控件存放记录的类型，默认为 Dynaset
BOF Action	当移动到记录开始时程序将执行的操作
EOF Action	当移动到记录结尾时程序将执行的操作

1. Data 控件和 Recordset 对象的方法

（1）AddNew 方法：用于添加一条新记录，新记录的每一个字段如果有默认值，将以默认值表示，如果没有则为空白。例如，给 Data1 的记录中添加新记录。

　　　Data1. Recordset. AddNew

（2）Delete 方法：用于删除当前记录的内容，在删除后应将当前记录移到下一条记录。例如，删除数据库中的当前记录。

　　　Data1. Recordset. Delete

（3）Find 方法：用于在记录集中查找符合条件的记录。如果条件符合，则记录指针将定位在找到的记录上。Find 方法有以下几种。

● FindFirst 方法：查找符合条件的第一条记录。

● FindLast 方法：查找符合条件的最后一条记录。

● FindPrevious 方法：查找符合条件的上一条记录。

● FindNext 方法：查找符合条件的下一条记录。

例如，在学生基本情况表中查找政治面貌为党员的第一条记录的语句如下。

```
Data1.Recordset.FindFirst"政治面貌= "党员"
```

当在数据表类型记录集中进行查找时，还可以使用 Seek 方法。如果找不到符合条件的记录，则应显示相关信息以提示用户，这可以通过判断 NoMatch 属性来实现，例如：

　　　If Data1. Recordset. NoMatch Then MsgBox "找不到符合条件的记录"

（4）Move 方法：可以使不同的记录成为当前记录，常用于浏览数据库中的数据。Move 方法包括 Move、MoveFirst、MoveLast、MovePrevious 和 MoveNext 方法。如果 Data 控件定位在记录集的最后一条记录上，这时若继续向后移动记录，就会使得记录集的 EOF 属性值变为 True，不能再使用 MoveNext 方法向下移动记录，否则会产生错误。因而在使用 MoveNext 方法移动记录时应该先检测一下记录集的 EOF 属性。

```
If Data1.Recordset.EOF= False Then
    Data1.Recordset.MoveNext
    ……'处理当前记录
Else
    Data1.Recordset.MoveLast
End If
```

使用 MovePrevious 方法移动当前记录同样会出现与 MoveNext 方法类似的问题。因此，在使用 MovePrevious 方法时也应该先检测一下记录集的 BOF 属性。

（5）Refresh 方法：主要用来建立或重新显示与 Data 控件相连接的数据库记录集。如果在程序运行过程中修改了数据控件的 DatabaseName、ReadOnly、Exclusive 或 Connect 属性的设置值，就必须用该方法来刷新记录集。

　　　Data1. Refresh

（6）Updata 方法：用于将修改的记录内容保存到数据库中。例如，在编辑完当前记录后，可用 Updata 的方法保存最新的修改。

  Data1. Recordset. Updata

（7）UpdataControls 方法：可以从数据控件的记录集中再取回原先的记录内容，即恢复原先的值，取消修改。其格式如下。

  Data1. UpdataControls

2. Data 控件的事件

除具有标准控件所具有的事件之外，Data 控件还具有两个与数据库访问有关的特有事件，即 Reposition 事件和 Validate 事件。

（1）Reposition 事件：当用户单击 Data 控件上某个箭头按钮，或者在应用程序中使用了某个 Move 或 Find 方法时，使一条新记录成为当前记录，均会触发 Reposition 事件。例如，用这个事件来显示当前记录指针的位置的代码如下。

```
Private Sub Data1_Reposition( )
    Data1.Caption= Data1.Recordset.AbsolutePosition+1
End Sub
```

（2）Validate 事件：当某一条记录在当前记录之前发生，或者是在 Updata、Delete、Unload 或 Close 操作之前发生，则会触发 Validate 事件。Validate 事件的格式如下。

  Private Sub Data1_Validate(Action As Integer,Save As Integer)

其中，Action 用来指示引发这种事件的操作，Save 用来指定被连接的数据是否进行了修改。例如，当 Validate 事件触发时确定记录内容是否修改，如果不修改则恢复。

```
If Save= True Then
    a= MsgBox("要保存修改吗?",vbYesNo)
    If a= vbNo Then
        Save= False
        Data1.UpdateControls
    End If
End If
```

Data 控件本身只能进行数据库中数据的操作，不能独立进行数据的浏览，所以需要把具有数据绑定功能的控件同 Data 控件结合起来使用，共同完成数据的显示、查询等。Visual Basic 中常用的 PictureBox、Label、TextBox、CheckBox、Image、ListBox 和 ComBox 控件等都能和 Data 控件绑定，与 Data 控件绑定的控件也称为数据感知控件。

数据感知控件的 DataSource 属性用于指定数据控件名，DataField 属性用于在下拉列表中选择要显示的字段名称。在设置了 DataSource 和 DataField 属性之后，当用户用该控件在 Recordset 中访问记录时，就会自动显示出指定字段的内容。

【例 9.9】 创建一个学生基本情况录入界面，如图 9.2 所示。

首先在窗体上增加一个数据控件 Data1，并将其 Align 属性设为 2-AlignBottom，使之位于窗

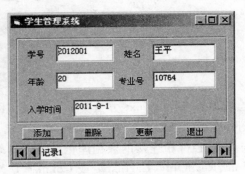

图 9.2 学生基本情况录入界面

体的下端,将 DatabaseName 属性设为 Student.mdb,RecordSource 属性为"学生基本表"数据表。然后在窗体上增加一个命令按钮数组 Edit(0)至 Edit(3),一个标签控件组 Label1,一个文本框控件数组 Text1(0)至 Text1(5),并将 Text1(0)至 Text1(5)的 DataSource 属性均设为 Data1,DataField 属性分别为学号、姓名、年龄、专业号、入学时间。

编写程序代码如下。

```
Private Sub Data1_Reposition()
      Data1.Caption= "记录"& Data1.Recordset.AbsolutePosition+ 1
End Sub


Private Sub Data1_Validate(Action As Integer,Save As Integer)
    If Save= Ture Then
        Mb= MsgBox("要保存吗?",vbYesNo,"保存记录")
        If Mb= vbNo Then
            Save= False
        Data1.UpdateControls
    End If
End If


End Sub


Private Sub edit_Click(Index As Integer)
   Select Case Index
   Case 0'添加记录
        Data1.Recordset.AddNew
   Case 1'删除记录
      Mb= MsgBox("要删除吗 ?",vbYesNo,"删除记录")
      If Mb= vbYes Then
         Data1.Recordset.Delete
         Data1.Recordset.MoveLast
      End If
   Case 2'更新记录
      Data1.UpdateRecord
      Data1.Recordset.Bookmark= Data1.Recordset.LastModified
   Case 3'退出
      Unload Me
   End Select
End Sub
```

9.3 可视化数据管理器

可视化数据管理器是使用 Visual Basic 开发的外接程序,利用它可彻底地同时使用 Microsoft Access、Foxpro 等数据库管理系统建立的数据库,了解一个数据库有多少个表,每个表有多少字段和索引;利用它还可以建立新的数据库、添加表、设置表索引、添加记录、修改表结构、执行 SQL 语句及建立查询等。

9.3.1 打开可视化数据库管理器

选择"外接程序"→"可视化数据库管理器"命令可以打开可视化数据库管理器,如图9.3所示。

9.3.2 创建新的数据库

如果要创建新的数据库,选择"可视化数据库管理器"→"文件"→"新建"命令,选择要创建的数据库类型和版本,可视化数据库管理器可创建的数据库类型有 Microsoft Access(2.0 与 7.0)、Dbase(Ⅲ、Ⅳ 和 5.0)等。

例如:选择"可视化数据库管理器"→"文件"→"新建"→"Microsoft Access"→"Version 7.0MDB(7)"命令,则打开"选择要创建的 Microsoft Access 的数据库"对话框,在"文件名"中输入要创建的数据库名称(Microsoft Access 的数据库文件扩展名为. MDB),则打开类似图 9.3 所示的界面,该界面中有两个窗口,一个是数据库窗口,一个是 SQL 语句窗口。

创建新的数据库后,就可以向其中添加新表。

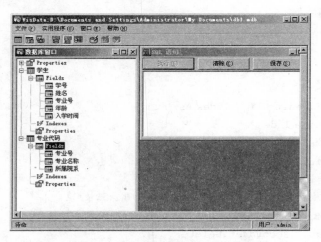

图 9.3 可视化数据库管理器界面

9.3.3 添加表与索引

如果要在数据库中添加表,可以右击数据库窗口,在弹出的快捷菜单中选择"新表"命令,弹出"表结构"对话框,如图9.4所示。在"表结构"对话框中可以设计表结构、设计索引。

下面以学生表结构设计为例来介绍该操作。

(1)填写表名:在表名称中输入"学生"。

(2)定义字段:单击"添加字段"按钮,打开"添加字段"对话框。

下面以学号字段定义为例来介绍各参数的设置。名称为"学号",类型为"Text",长度为"9",允许零长度复选框为不选定(在该表中学号为主键,不可为空串,其余字段则无须改变该项的选定状况),所有字段定义后,单击"关闭"按钮,则完成字段的定义工作。

若某字段定义后需要修改,则必须将该字段删除后,再重定义。先选定要删字段,单击"删除字段"按钮,则完成字段的删除操作。

(3)定义索引:单击"添加索引"按钮,弹出"添加索引到"对话框,在该对话框中输入索引名称、索引字段(可从"可用字段"列表框中选择某字段)。下面以建立以学号为索引关键字

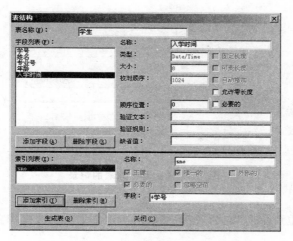

图 9.4 "表结构"对话框

的索引 Sno 为例介绍各参数的设置。单击"添加索引"按钮,在"添加索引到学生"对话框中输入如图 9.5 所示的内容。

在 Microsoft Access 中可通过指定某字段的索引是"唯一的"、"主要的"来指定该字段为表的主键。如图 9.5 所示,学号为该表的主键,因此复选框"主要的"与"唯一的"必须选定。一个表只能有一个主键,因此其他字段所建的索引中这两项必须为不选定状态。

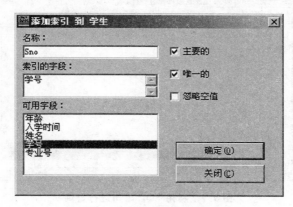

图 9.5 添加索引对话框

9.3.4 修改表结构

在图 9.3 所示的可视化数据库管理器中,右击待修改的表名,在弹出的快捷菜单中选择"设计"命令,则弹出如图 9.4 所示的"表结构"对话框,可以在"表结构"对话框中对表结构进行修改。

9.3.5 添加和修改表中记录

在可视化数据库管理器中,双击相应的表,可以弹出如图 9.6 所示的窗体,窗体底部是导航按钮,单击向左、向右两个按钮,可以查看表中的各条记录。

添加和修改记录的操作具体如下。

(1)添加记录:单击"添加"选项卡,输入记录字段值,单击"更新"按钮。

(2)修改记录:用导航按钮翻页至要修改记录,单击"编辑"选项卡,修改记录,单击"更

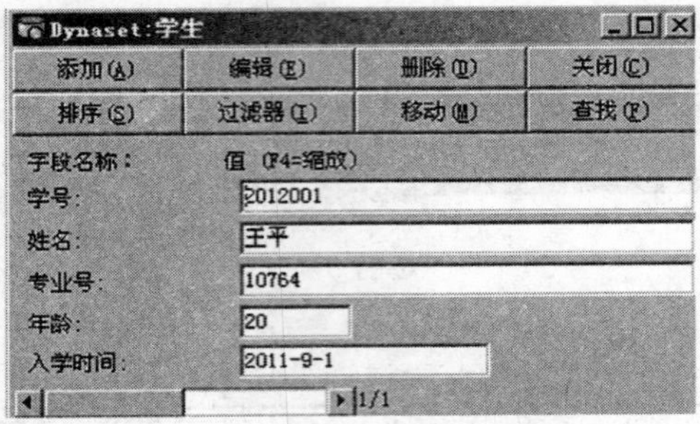

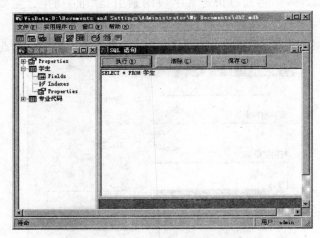

图 9.6　添加和修改表的记录

新"按钮。

打开对话框后,也可单击"取消"按钮来取消本次添加与修改操作。

9.3.6　执行 SQL 命令

如果想执行 SQL 语句,可以在"SQL 语句"窗口中输入待执行的 SQL 语句,再单击"执行"按钮,如图 9.7 所示。在弹出的对话框中单击"执行"按钮即可得到查询结果。

图 9.7　利用 SQL 语句进行查询

9.4　ADO 对象模型与数据环境设计器

ADO(ActiveX Data Object)是 Microsoft 处理数据库信息的新技术,它是一种 ActiveX 数据对象,采用了被称为 OLE DB 的数据访问模式。它是数据访问对象 DAO(Data Access Object)、远程数据对象 RDO(Remote Data Object)和开放数据库互连 ODBC(Open Database Connectivity)三种方式的扩展。

9.4.1　ADO 对象模型

ADO 提供了一个可编程的分层对象集合。这些对象中主要有三个对象成员,即 Connection、Command、Recordset 对象,以及几个集合对象(Error、Parameter 和 Field 等), 如表 9.6 所示。这些对象按层次结构来进行组织,称为 ADO 对象模型。

表 9.6　ADO 对象说明

对　象　名	说　　明
Connection	连接数据来源
Command	从数据源获取所需数据命令信息
Recordset	所获取的一组记录组成的记录集
Error	访问数据时,由数据源所返回的错误信息
Parameter	与命令对象相关的参数
Field	包含了记录集中某个字段的信息

　　ADO 对象模型提供访问各种数据类型的连接机制,它可帮助用户程序访问数据提供者所提供的数据。数据提供者既可以是 Microsoft Access 和 Foxpro 等数据库,也可以是 Excel 表格、文本文件、图形文件和无格式的数据文件。不论是存取本地数据还是远程数据, ADO 对象模型都提供了统一的接口。

1. ADO 类型库的引用

　　ADO 虽然集成在 Visual Basic 6.0 中,但只是可选项,因此要在 Visual Basic 中对 ADO 对象进行访问,则需要对 ADO 类型库进行引用,其操作步骤如下。

　　(1)选择"工程"→"引用"命令,弹出"引用"对话框。

　　(2)选中"Microsoft ActiveX Data Object 2.0 Library"复选项。

　　(3)单击"确定"按钮。

　　引用 ADO 类型库的操作完成后,就可以直接在应用程序中使用 ADO 对象了。

2. 使用 ADO 数据控件

　　在使用 ADO 数据控件前,必须先选择"工程"→"部件"命令,选择"Microsoft ADO Data Control 6.0(SP4)(OLEDB)"选项,将 ADO 数据控件添加到工具箱。ADO 数据控件与 Visual Basic 的内部数据控件很相似,它允许使用 ADO 数据控件的基本属性快速地创建与数据库的连接。工具箱内 ADO 控件图标形状为 ☢ (系统默认的该控件的名称为 Adodc1)。

3. ADO 数据控件的基本属性

1)ConnectionString

　　ADO 控件没有 DatabaseName 属性,它使用 ConnectionString 属性与数据库建立连接。该属性包含了与数据源建立连接的相关信息,它有四个参数,如表 9.7 所示。

表 9.7　ConnectionString 属性参数说明

参　　数	说　　明
Provide	指定连接提供者的名称
FileName	指定数据源所对应的文件名
RemoteProvide	在远程数据服务器上打开一个客户端时所用的数据源名称
RemoteServer	在远程数据服务器上打开一个主机端时所用的数据源名称

2)ConnectionTimeout

用于数据连接的超时设置,若在指定时间内连接不成功显示超时信息。

3)RecordSource

确定具体可访问的数据,这些数据构成记录集对象 Recordset。该属性值可以是数据库中的一个表名,一个查询,也可以是 SQL 查询语言的一个查询字符串。

4)MaxRecords

定义从一个查询中最多能返回的记录数。

4. 设置 ADO 数据控件的属性

通过使用 student. mdb 数据库来和 ADO 数据控件相连接的操作步骤如下。

1)新建工程

在窗体上添加 ADO 数据控件 Adodc1,对其属性进行设置。

2)设置 ConnectionString 属性

ConnectionString 属性可完成两项操作:提供程序,提供连接的数据库。

选择 ConnectionString 属性名,再单击其属性值上的"…"按钮弹出"属性页"对话框,如图 9.8 所示。

选择"使用连接字符串"单选项,单击"生成"按钮,在弹出的"数据链接属性"对话框中单击"提供程序"选项卡并在其中选择"Microsoft Jet 4.0 OLE DB Provider"选项,如图 9.9 所示。单击"下一步"按钮或单击"连接"选项卡,单击"选择或输入数据库名称"右边的"…"按钮,在弹出的对话框中查找并选择要使用的数据库。单击"测试"按钮,如果弹出"测试连接成功"消息框则说明 ConnectionString 属性设置成功。否则,则更正直到弹出"测试连接成功"消息框为止。单击"确定"按钮返回属性页。这时可看到 ConnectionString 属性的字符串如下。

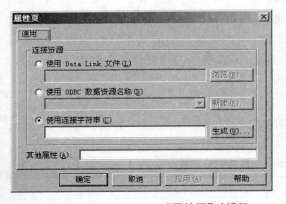

图 9.8　ConnectionString"属性页"对话框

图 9.9　"数据链接属性"对话框

```
Provider= Microsoft.Jet.OLEDB.4.0;
Data Source = D: \ Documents and Settings \ Administrator \ My Documents \
student.mdb;
Persist Security Info= False
```

单击"确定"按钮完成 ConnectionString 属性设置。

3)设置 RecordSource 属性

选择 RecordSource 属性名,再单击其属性值上的"…"按钮,弹出"属性页"对话框,如图 9.10 所示。

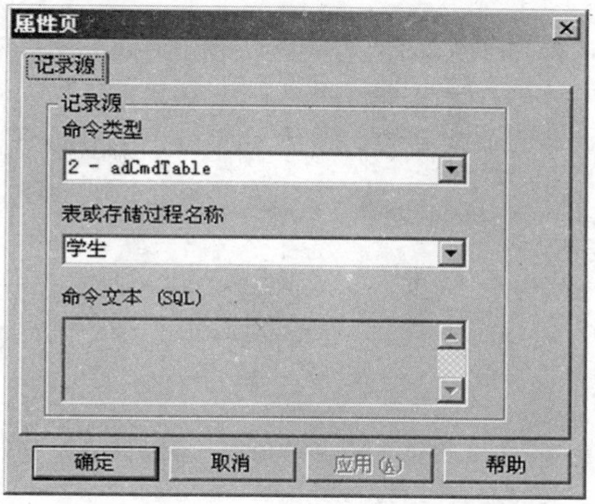

图 9.10 RecordSource"属性页"对话框

单击"命令类型"列表框的下拉按钮,选择 2-adCmdTable;然后再单击"表或存储过程名称"列表框的下拉按钮,选择"学生"表。单击"确定"按钮,完成 RecordSource 属性设置。

对于窗体上的那些文本框,仍然使用它们的 DataSource 和 DataField 属性,将其 DataSource 属性设置为 Adodc1,并且将 DataField 属性设置成要显示的字段名。

【例 9.10】 ADO 数据控件示例,其界面如图 9.11 所示。

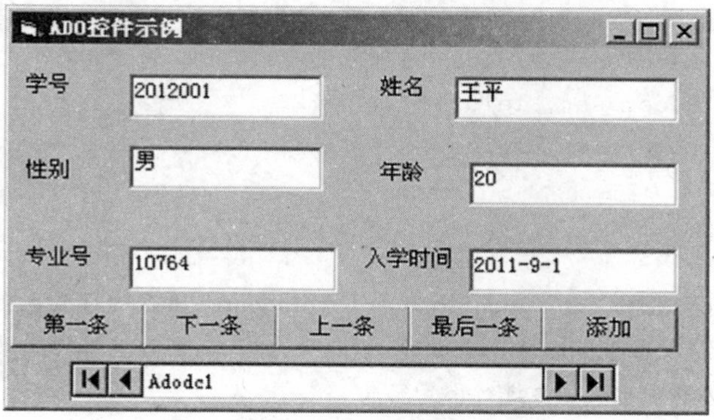

图 9.11 ADO 数据控件示例界面

用 ADO 控件的记录集(Recordset)的 Move 方法浏览 student 数据库中的学生表。编写代码如下。

```
Private Sub Command1_Click(Index As Integer)
    Select Case Index
    Case 0
        Adodc1.Recordset.MoveFirst
    Case 1'当记录指针指在末条记录时,EOF 仍为 False,再向后移时,EOF 为 True
        If Not Adodc1.Recordset.EOF Then
            Adodc1.Recordset.MoveNext
        Else
            Adodc1.Recordset.MoveLast
```

```
            End If
        Case 2'当记录指针指在首条记录时,BOF 仍为 False,再向前移时,BOF 为 True
            If Not Adodc1.Recordset.BOF Then
                    Adodc1.Recordset.MovePrevious
            Else
                    Adodc1.Recordset.MoveFirst
            End If
        Case 3
                    Adodc1.Recordset.MoveLast
        Case 4
            Dim n As Long
            n= InputBox("向(+ )尾或(- )头移动几条?","Move n 方法")
            Adodc1.Recordset.Move n
        End Select
    End Sub


    Private Sub Command2_Click()
        Adodc1.Recordset.AddNew    '插入一条空记录
        '输入空记录的内容
        Adodc1.Recordset.Fields(0)= "AH0003"    '可以使用字段序号
        Adodc1.Recordset.Fields("姓名")= "王俊岭"    '也可以使用字段名
        Adodc1.Recordset.Fields("专业号")= 110
        Adodc1.Recordset.Fields("年龄")= 20
        Adodc1.Recordset.Fields("入学时间")= # 9/1/2011#
    End Sub
```

说明:对于 Adodc 控件的 ConnectionString 和 RecordSource 属性的设置也可以通过右击窗体上的 Adodc 控件,在弹出的快捷菜单中选择"Adodc 属性"命令来完成,也可以在弹出的"属性页"中依次通过对"通用"和"记录源"选项卡中的项目进行设置完成。

其界面如图 9.12 所示。

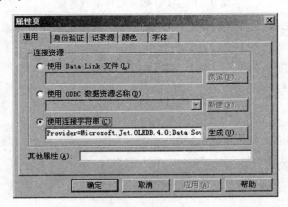

图 9.12 Adodc 控件"属性页"对话框

9.4.2 数据环境设计器

数据环境设计器用于在设计阶段创建 ADO,它为访问数据库提供了一种交互式环境,使用数据环境设计器可以添加 DataEnvironment 对象到工程中,创建 Connection 对象,基于存储过程、表、视图和 SQL 语句创建 Command 对象,创建 Command 层次结构等。

1. 数据环境设计器的使用

(1)添加一个数据环境设计对象到 Visual Basic 工程中。

(2)创建 Connection 对象:实现与一个数据库的连接。

(3)基于表、存储过程、视图和 SQL 语句创建 Command 对象。

(4)基于 Command 对象的一个分组,或者通过与一个或多个 Command 对象相关联来创建 Command 的层次结构。

(5)从数据环境设计器的一个 Command 对象中拖动一个字段到一个 Visual Basic 窗体。

(6)利用 Connection 和 Recordset 对象的属性、方法、事件编写和运行代码。

2. 打开数据环境设计器

在 Visual Basic 的集成开发环境下,选择"工程"→"添加 DataEnvironment"命令就可打开数据环境设计器。

在打开数据环境设计器的同时,将在数据环境设计器中自动添加一个数据环境设计器对象(默认名字为 DataEnvironment1)与一个连接对象 Connection(默认名字为 Connection1)。添加的数据环境对象名同时也显示于工程资源管理器窗口中,如图 9.13 所示。

3. Connection 对象

要使用数据环境设计器访问数据,必须创建一个 Connection 对象,每一个数据环境至少应当包含一个 Connection 对象,每个 Connection 对象表示与一个数据库的连接。其具体的操作步骤如下。

(1)从属性窗口将 DataEnvironment 和 Connection 对象的默认名称改为更有意义的名字,如:"Student"和"Students"。

(2)右击 Connection 对象,在快捷菜单中选择"属性"命令,打开"数据链接属性"对话框,然

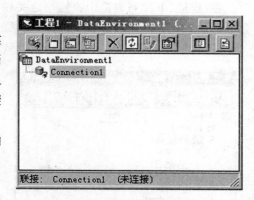

图 9.13 数据环境设计器

后从对话框的"提供程序"和"连接"选项卡中指定连接信息。例如:连接前面用 Microsoft Access 创建的学生数据库,可以在"提供程序"选项卡中选择"Microsoft Jet 4.0 OLE DB Provider",在"连接"选项卡输入数据库文件名(如:D:\student.mdb)。

(3)单击"确定"按钮。

4. Command 对象

Command 对象定义了从数据库连接中获取何种数据的详细信息。Command 对象可以基于一个表、视图或存储过程,也可以基于一个 SQL 查询。Command 对象可以有返回结果。若有返回结果,它将结果保存于一个记录集中,该记录集由行与列构成,类似于表格。

Command 对象必须与一个 Connection 对象相关联,否则无效。

创建 Command 对象的具体操作步骤如下。

(1)右击要与之关联的 Connection 对象,如 students,在快捷菜单中选择"添加命令"命令。数据环境设计器会显示出新创建的 Command 对象,其默认名为"Command1"。

(2)添加后按以下步骤设置 Command1 对象的属性。

● 右击 Command1 对象,在快捷键菜单中选择"属性"命令,弹出"Command1 属性"对话框,如图 9.14 所示。

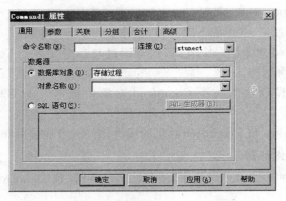

图 9.14 "Command1 属性"对话框

● 在"通用"选项卡中进行以下设置。在"命令名称"框中将 Command 对象的默认名称改为更有意义的名字。例如:如果 Command 对象是基于 Student 表的,那么可以将名字改为"Student"。

在"连接"下拉列表框中设置与之关联的 Connection 对象。添加 Command 对象时系统会自动设置,但可以在此处更改与之关联的 Connection 对象。

在"数据库对象"下拉列表框中选择数据库对象的类型表、视图等。

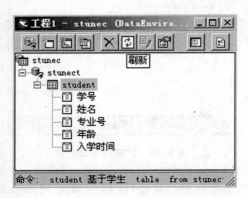

图 9.15 字段列表

在"对象名称"下拉列表框中选择一个对象的名字,这里选择 Student 表。

如果选择 SQL 语句作为数据源,则可在"SQL 语句"框中输入一个有效的 SQL 查询;或者单击"SQL 生成器"按钮,利用查询设计器建立查询。

● 单击"确定"按钮,关闭对话框。

● 单击 Command 对象左侧的"田"按钮可以展开字段列表(见图 9.15),如果没有显示字段表,那么可能 Command 对象返回的记录集是空的,或者 Command 对象是无效的,又或者 Connection 是无效的。

5. 数据绑定控件与字段映象

数据绑定控件是指可以将其数据与记录集中的某字段绑定的控件。该控件值改变,则记录集当前记录该字段的值改变,反之亦然。其中,TextBox、ListBox、ComboBox 等都是数据识别控件,它们都具有以下三个重要属性。

- DataSource：返回或设置一个数据源。例如，设置为某数据环境名。
- DataMember：返回或设置数据环境为该控件提供的 Command 对象。
- DataField：返回或设置该控件绑定的字段名。

6. 通过拖放来创建数据绑定控件

如果要从 Command 对象中创建一个网格，在数据环境设计器中，可以用鼠标右键拖动某 Command 对象到窗体中释放，选择"数据网格"命令，则可以创建一个显示记录集内容的数据绑定控件。

例如：拖动数据环境中的 Student 命令至窗体释放，在快捷菜单中选择"数据网格"命令，将在表单上创建一个控件 Datagrid1，其 DataSouce 属性已被设置为 Student 的 DataEnvironment 对象，DataMember 属性为 Student 的 Command 对象。图 9.16 所示为该表单的运用结果。

学号	姓名	专业号	年龄	入学时间
2012001	王平	10764	20	2011-9-1
2012002	李明	10764	19	2011-9-1
2012003	薛渊	10764	20	2011-9-1

图 9.16 运行结果

将该窗体保存为 stugrid. frm。将其设置为工程启动对象，运行后则可得到如图 9.11 所示的运行结果。

Datagrid1 为 Datagrid 类控件，Datagrid 是类似网络的数据绑定控件。

9.4.3 数据视图窗口与查询设计器

1. 数据视图窗口

建立对数据库的连接后，可以通过"数据视图"窗口可视化操作数据库的结果。打开数据视图窗口，可以通过选择"视图"→"数据视图窗口"命令。"数据视图"窗口如图 9.17 所示。

2. 查询设计器

当 Command 对象是基于一个 sql 查询时，可以在 sql 语句窗口直接输入 sql 语句，也可以启动查询设计器来建立查询。例如，可以按以下步骤创建一个 Command 对象，以便从学生表与专业代码表返回选择的记录集。

（1）在数据环境设计器窗口中，右击一个 Connection 对象（例如："student"），在快捷菜单中选择"添加"命令，创建一个新的 Command 对象。

（2）右击新的 Command 对象，在快捷菜单中选择"属性"

图 9.17 "数据视图"窗口

命令,弹出其属性对话框。在"通用"选项卡的"命令名称"框中,将 Command 对象的名称改为"studentdb",再选中"SQL 语句"单选按钮,如图 9.18 所示。

(3)单击"SQL 生成器"按钮,打开查询设计器,同时,打开"数据视图"窗口。

(4)从"数据视图"窗口中将学生表与专业代码表拖放到查询设计器中。

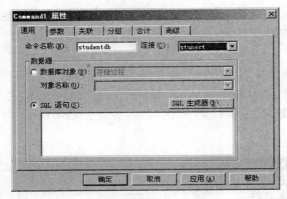

图 9.18　修改对象名称,选中"SQL 语句"

(5)按图 9.19 所示设置查询设计器的各项参数。

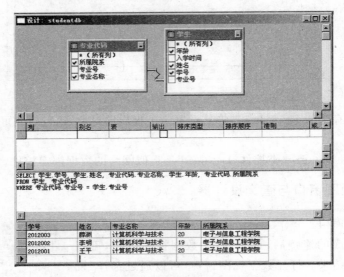

图 9.19　查询设计器参数设置对话框

(6)关闭查询设计器并保存查询。

(7)右击"studentdb"命令并拖动到窗体中释放,保存该窗体为 studentdb.scx,并设置该窗体为工程启动对象,运用后可以得到如图 9.16 所示的运行结果。

 9.5　开放数据库互联

9.5.1　开放数据库互联(ODBC)概述

在传统的数据库管理系统中,每个数据库管理系统都有自己的应用程序开发接口(API),应用程序使用数据库系统所提供的专用开发工具(如嵌入式 SQL 语言)进行开发,这样的应用程序只能运行在特定的数据库系统环境下,其适应性和可移植性比较差。当用户硬件平台或操作系统发生变化时,应用程序需要重新编写。嵌入式 SQL 语言的另一个缺点是它只能存取某种特定的数据库系统,一个应用程序只能连接同类的 DBMS,而无法同时访问多个不同的 DBMS。而在实际应用中通常是需要同时访问多个不同的 DBMS 的。例如,在一所学校里,财务、教务、后勤等部门常根据自身专业的特点选择不同的 DBMS,而建立管理信息系统时,则需要同时访问各个部门的数据库,在这种情况下传统的数据库应用程序开发方法就难以实现。为了解决这些问题,微软公司开发了开放数据库互联(Open DataBase Connectivity,ODBC)。

　　ODBC 是微软公司开发的一套开放数据库系统应用程序接口规范,目前它已成为一种工业标准,它提供了统一的数据库应用编程接口(API),为应用程序提供了一套高层调用接口规范和基于动态连接库的运行支持环境。使用 ODBC 开发数据库应用时,应用程序调用的是标准的 ODBC 函数和 SQL 语句,数据库底层操作由各个数据库的驱动程序完成。因此,应用程序有很好的适应性和可移植性,并且具备了同时访问多种数据库管理系统的能力,从而彻底克服了传统数据库应用程序的缺陷。

9.5.2　ODBC 体系结构

　　ODBC 驱动程序类似于 Windows 下的打印驱动程序,对于用户来说,驱动程序屏蔽了不同对象(数据库系统或打印机)之间的差异。同样,ODBC 屏蔽了 DBMS 之间的差异。ODBC 的体系结构如图 9.20 所示。

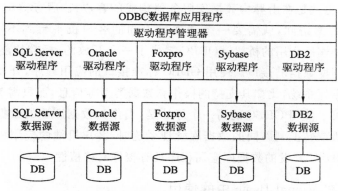

图 9.20　ODBC 的体系结构

1. ODBC 数据库应用程序

　　ODBC 数据库应用程序的主要任务包括建立与数据源的连接、向数据源发送 SQL 请求、接收并处理请求的结果及断开与数据源的连接等。

2. 驱动程序管理器

　　驱动程序管理器是 Windows 环境下的一个应用程序,在 Windows 95 和 Windows NT 环境下的控制面板上分别显示为"32 位 ODBC"图标和"ODBC"图标。如果在 Windows 95 和 Windows NT 环境下没有这个图标,说明没有安装 ODBC 驱动程序管理器。此软件可从 Windows 95 操作系统、Microsoft VC++、Microsoft VB 等软件中获得。此管理器的主要作用是用来装载 ODBC 驱动程序、管理数据源、检查 ODBC 参数的合法性等。

3. ODBC 驱动程序

　　ODBC 应用程序不能直接存取数据库,它将所要执行的操作提交给数据库驱动程序,通过驱动程序实现对数据源的各种操作,数据库操作结果也通过驱动程序返回给应用程序。

4. 数据源

数据源(Data Source Name,简称 DSN)是指一种可以通过 ODBC 连接的数据库管理系统,它包括要访问的数据库和数据库的运行平台。数据源名掩盖了数据库服务器或数据库文件间的差别,通过定义多个数据源,每个数据源指向一个服务器名,就可在应用程序中实现同时访问多个数据库管理系统(DBMS)的目的。

数据源是驱动程序与 DBMS 连接的桥梁,数据源不是 DBMS,而是用于表达一个 ODBC 驱动程序和 DBMS 特殊连接的命名。在连接中,用数据源名来代表用户名、服务器名、所连接的数据库名等,可以将数据源名看成是与一个具体数据库建立的连接。

数据源分为以下三类。

(1)用户数据源:用户创建的数据源,称为用户数据源。该数据源只有创建者才能使用,并且只能在所定义的机器上运行。任何用户都不能使用其他用户创建的用户数据源。

(2)系统数据源:所有用户和在 Windows NT 环境下以服务方式运行的应用程序均可使用系统数据源。

(3)文件数据源:文件数据源是 ODBC 3.0 以上版本增加的一种数据源,可用于企业用户,ODBC 驱动程序也安装在用户的计算机上。

总之,ODBC 提供了在不同数据库环境中为 C/S(客户机/服务器)结构的客户机访问异构数据库的接口,也就是在由异构数据库服务器构成的客户机/服务器结构中,要实现对不同数据库进行的数据访问,就需要一个能连接不同的客户机平台到不同服务器的桥梁,ODBC 就是起这种连接作用的桥梁。ODBC 提供了一个开放的、标准的能访问从 PC 机、小型机到大型机数据库数据的接口。使用 ODBC 标准接口的应用程序,开发者可以不必深入了解要访问的数据库系统,比如其支持的操作和数据类型等信息,而只需掌握通用的 ODBC API 编程方法即可。使用 ODBC 的另一个好处是,当作为数据库源的数据库服务器上的数据库管理系统升级或转换到不同的数据库管理系统时,客户机端的应用程序不需要作任何改变,因此利用 ODBC 开发的数据库应用程序具有很好的移植性。

9.5.3　ODBC 在 Visual Basic 中的使用

在 Visual Basic 环境下开发数据库应用时,与数据库连接和对数据库的数据操作是通过 ODBC、Microsoft Jet(数据库引擎)等实现的。Microsoft Jet 主要用于本地数据库,而在 C/S 结构的应用中一般用 ODBC。

【例 9.11】　使用 ADO 数据控件,设计一个简单窗体,用来扫描 student.mdb 数据库的基本情况表。窗体中几个约束数据文本框绑定到连接表中的当前记录的 ADO 数据控件。

这个项目不需编程,其操作步骤如下。

步骤 1:开始新项目,并在项目工具箱中加入 ADO 数据控件。

步骤 2:在窗体上放一个 ADO 数据控件的实例。

步骤 3:右击控件,并在弹出的快捷菜单中选择"ADODC 属性"命令(或单击 Adodc1 的 ConnectionString 属性旁的"…"按钮),打开 ADO 数据控件的属性页。

步骤 4:单击"通用"选项卡,并选中"使用 ODBC 数据资源名称"单选项。

步骤 5：指定数据源（ADO 数据控件联系的数据库）。可以看出，可以指定多种数据库，但应用程序用相同的方法处理。不管实际提供表格的数据库为何种形式，它都用相同的语句访问表格及其记录。

数据源名就是系统知道的数据库名。数据源名只要生成一次，此后任何应用程序都可以使用。如果系统中没有数据源名，则按以下步骤生成新的数据源名。

（1）单击"新建"按钮，打开"创建新数据源"对话框。在这个对话框中可以选择数据源类型，其选项包括以下几个。

● 文件数据源——所有用户均可以访问的数据库文件。

● 用户数据源——只有创建数据源的用户能访问的数据库文件。

● 系统数据源——能登录该机器的任何用户都能访问的数据库文件。

（2）选择"系统数据源"项，以便从网上登录测试锁定机制（如果在网络环境中）。

（3）单击"下一步"按钮显示"创建新数据源"对话框，指定访问数据库所用的驱动程序，驱动程序必须符合数据库。可以看出，数据源可以是个大数据库，包括 Access、Oracle、SQL Server。本例中采用 Access 数据库。

（4）选择 Microsoft Access Driver，并单击"下一步"按钮。在弹出的提示窗口中显示，已选择了系统数据源并用 Access 驱动程序访问。

（5）单击"完成"按钮，生成数据源。

这时就可以指定将哪个 Access 数据库赋予新建的数据源。在弹出的"ODBC Microsoft Access 安装"窗口中，执行如下操作步骤：

● 在第一个文本框中，指定数据源名"mystudent"，在"描述"文本框中，输入简短说明"student 数据源"（说明可以空缺）。

● 单击"选择"按钮，并通过"选定数据库"窗口选择数据库，找到 student.mdb。

● 回到 ADO 数据控件的属性页时，新的数据源即会出现在"使用 ODBC 数据资源名称"下拉列表中。

步骤 6：展开下拉列表，并选择 mystudent 数据源。实际上，这就已经指定了要使用的数据库（类似于设计 Data 控件的 DatabaseName 属性）。下一个任务是，选择 ADO 数据控件能看到的数据库记录（表格或 SQL 语句返回的记录集）。

步骤 7：切换到"记录源"标签（或单击 Adodc1 的 RecordSource 属性旁的"…"按钮）。

步骤 8：在"命令类型"下拉列表中，选择 adCmdTable 项目，这是记录源的类型。

步骤 9：在"表或存储过程名称"下拉列表中出现数据库中的所有表名。选择学生表。Adodc1 控件的 RecordSource 属性栏中出现 student.mdb 数据库的基本情况表。

步骤 10：将四个文本框控件和四个标题控件放在窗体上。设置它们的 DataSource＝Adodc1，DataField 分别设置为学号、姓名、性别、年龄、专业、入学时间。

Mystudent 数据源已经在系统中，不必再次生成。它会自动出现在 ADO 数据控件属性页的"使用 ODBC 数据资源名称"下拉列表中。

运行结果如图 9.21 所示。

图 9.21　运行结果

习 题 9

1. 选择题

(1)数据库的完整性是指数据的(　　)。

A. 正确性和相容性

B. 合法性和不被恶意破坏

C. 正确性和不被非法存取

D. 合法性和相容性

(2)在 SQL 的 Update 语句中,要修改某列的值,必须使用关键字(　　)。

A. Select　　　　　　　B. Where　　　　　　　C. Distinct　　　　　　D. Set

(3)在采用客户机/服务器体系结构的数据库应用系统中,应该将用户应用程序安装在

(　　)。

A. 客户机端　　　　　B. 服务器端　　　　　　C. 终端　　　　　　　　D. 系统端

(4)数据库系统中,为保证参照的完整性,规定(　　)。

A. 外码只能接受空值

B. 外码不可以接受空值

C. 外码可以接受空值,但需要参照外码所在关系中的应用环境

D. 由 DBA 决定是否能取空值

(5)Visual Basic 中使用的数据库引擎是 Microsoft Jet 数据库引擎,该引擎包含在一组

(　　)文件中。

A. ActiveX 控件　　　　　　　　　　　　B. 动态链接库

C. ODBC API 函数库　　　　　　　　　　D. 应用程序

(6)当 Data 控件的记录指针处于 RecordSet 对象的第一个记录之前,下列值为 True 的

属性是(　　)。

A. EOF　　　　　　　B. BOF　　　　　　　C. EOFAction　　　　　D. ReadOnly

(7)执行 Data 控件的数据集的(　　)方法,可以将添加的记录或对当前记录的修改保

存到数据库中。

A. UpdateRecord　　B. Update　　　　　　C. UpdateControls　　D. Updatable

(8)在 DAO 数据访问模式中,RecordSet 对象的(　　)属性是用来识别 RecordSet 对象

的某一行的标记。

A. BookMark　　　　　　　　　　　　　　B. Updatable

C. EOF   D. BookMarkabled

(9)利用 ADO Data 控件建立连接字符串有三种方式,这三种方式不包括(　　)。

A. 使用 Data Link 文件   B. 使用 ODBC 数据源名称

C. 使用连接字符串   D. 使用 Command 对象

2. 填空题

(1)数据库的模型除了层次型,还有_____、_____两种。

(2)要使控件能通过数据控件链接到数据库上,必须设置绑定控件的_____属性;要使绑定控件能与有效的字段建立联系,则需设置绑定控件的_____属性。

(3)用户使用数据库时,有可能由于外界原因而导致数据库的损坏,使得有些数据库表无法打开,以至于无法对数据库中的数据进行正常读写。在 DAO 中,_____方法可以用来修复数据库。在绝大多数情况下,该方法能够使损失减至最小。

(4)在一个 Database 对象中可能会有多个_____,而每个都代表数据库中的一个表。

(5)Data 控件的 DatabaseName 属性用于设置_____,决定 Data 控件连接到哪一个数据库。对于多表的数据库,该属性为具体的_____;对于单表的数据库,它是具体的数据库文件所在的目录,而数据库名则放在_____属性中。

(6)在表类型的记录集中,可以使用_____方法来定位记录。但在使用该方法前,首先要使用_____定义当前的索引。

(7)0DBC 技术提供了三种类型的数据源:用户数据源、_____和_____。

(8)在 DAO 访问模式中,Field 对象的 Type 属性取值为 dbtext,表示该字段为_____。

(9)使用 ADO 的 RecordSet 对象时,要放弃对记录集的修改,需调用记录集的_____方法。

(10)Data 控件的记录指针位置发生改变时会发生相应事件:离开当前记录位置时发生_____事件,移动到当前位置前发生_____事件。

3. 简答题

(1)怎样把 ADO 数据控件添到工具箱中?

(2)怎样打开 ADO 数据控件的属性页面?

(3)简述使用链接字符串方式连接数据源(Access 数据库)的方法。

(4)怎样通过数据窗体向导产生数据访问窗体?

附录 A

2011 年 9 月全国计算机等级考试二级笔试试卷

Visual Basic 语言程序设计

（考试时间 90 分钟，满分 100 分）

一、选择题（每小题 2 分，共 70 分）

下列各题 A、B、C、D 四个选项中，只有一个选项是正确的。

(1)下列叙述中正确的是（   ）。

A. 算法就是程序

B. 设计算法时只需要考虑数据结构的设计

C. 设计算法时只需要考虑结果的可靠性

D. 以上三种说法都不对

(2)下列关于线性链表的叙述，正确的是（   ）。

A. 各数据结点的存储空间可以不连续，但它们的存储顺序与逻辑顺序必须一致

B. 各数据结点的存储顺序与逻辑顺序可以不一致，但它们的存储空间必须连续

C. 进行插入与删除时，不需要移动表中的元素

D. 以上三种说法都不对

(3)下列关于二叉树的叙述，正确的是（   ）。

A. 叶子结点总是比度为 2 的结点少一个

B. 叶子结点总是比度为 2 的结点多一个

C. 叶子结点数是度为 2 的结点数的两倍

D. 度为 2 的结点数是度为 1 的结点数的两倍

(4)软件按功能可以分为应用软件、系统软件和支撑软件（或工具软件）三类。下面属于应用软件的是（   ）。

A. 学生成绩管理系统

B. C 语言编译程序

C. UNIX 操作系统

D. 数据库管理系统

(5)某系统总体结构图如下图所示：

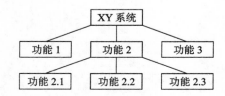

该系统总体结构图的深度是(　　)。

A. 7　　　　　　　B. 6　　　　　　　C. 3　　　　　　　D. 2

(6)程序调试的任务是(　　)。

A. 设计测试用例

B. 验证程序的正确性

C. 发现程序中的错误

D. 诊断和改正程序中的错误

(7)下列关于数据库设计的叙述,正确的是(　　)。

A. 在需求分析阶段建立数据字典

B. 在概念设计阶段建立数据字典

C. 在逻辑设计阶段建立数据字典

D. 在物理设计阶段建立数据字典

(8)数据库系统的三级模式不包括(　　)。

A. 概念模式　　　B. 内模式　　　　C. 外模式　　　　D. 数据模式

(9)有三个关系 R、S 和 T 如下:

R

A	B	C
a	1	2
b	2	1
c	3	1

S

A	B	C
a	1	2
b	2	1

T

A	B	C
c	3	1

则由关系 R 和 S 得到关系 T 的操作是(　　)。

A. 自然连接　　　B. 差　　　　　　C. 交　　　　　　D. 并

(10)下列选项中属于面向对象设计方法主要特征的是(　　)。

A. 继承　　　　　B. 自顶向下　　　C. 模块化　　　　D. 逐步求精

(11)以下描述中错误的是(　　)。

A. 窗体的标题通过其 Caption 属性设置

B. 窗体的名称(Name 属性)可以在运行期间修改

C. 窗体的背景图形通过其 Picture 属性设置

D. 窗体最小化时的图标通过其 Icon 属性设置

(12)在设计阶段,当按 Ctrl＋R 键时,所打开的窗口是(　　)。

A. 代码窗口　　　　　　　　　　　B. 工具箱窗口

C. 工程资源管理器窗口　　　　　　D. 属性窗口

(13)设有如下变量声明语句:

　　Dim a,b As Boolean

则下面的叙述正确的是(　　)。

A. a 和 b 都是布尔型变量

B. a 是变体型变量,b 是布尔型变量

C. a 是整型变量,b 是布尔型变量

D. a 和 b 都是变体型变量

(14)下列可以作为 Visual Basic 变量名的是（　　）。

A. A♯A　　　　　B. 4ABC　　　　　C. ？xy　　　　　D. Print_Text

(15)假定一个滚动条的 LargeChange 属性值为 100，则 100 表示（　　）。

A. 单击滚动条箭头和滚动框之间某位置时滚动框位置的变化量

B. 滚动框位置的最大值

C. 拖动滚动框时滚动框位置的变化量

D. 单击滚动条箭头时滚动框位置的变化量

(16)在窗体上画一个命令按钮，然后编写如下事件过程：

```
Private Sub Command1_Click()
    MsgBox Str(123+ 321)
End Sub
```

程序运行后，单击命令按钮，则在信息框中显示的提示信息为（　　）。

A. 字符串"123＋321"　　　　　　B. 字符串"444"

C. 数值"444"　　　　　　　　　　D. 空白

(17)假定有以下程序：

```
Private Sub Form_Click()
    a= 1:b= a
    Do Until a > = 5
        x= a * b
        Print b; x
        a= a+ b
        b= b+ a
    Loop
End Sub
```

程序运行后，单击窗体，输出的结果是（　　）。

A. 1　1　　　　　B. 1　1　　　　　C. 1　1　　　　　D. 1　1

　　2　3　　　　　　　2　4　　　　　　　3　8　　　　　　　3　6

(18)在窗体上画一个名称为 List1 的列表框，列表框中显示若干城市的名称。当单击列表框中的某个城市名时，该城市名消失。下列在 List_Click 事件过程中能正确实现上述功能的语句是（　　）。

A. List1. RemoveItem List1. Text

B. List1. RemoveItem List1. Clear

C. List1. RemoveItem List1. ListCount

D. List1. RemoveItem List1. ListIndex

(19)列表框中的项目保存在一个数组中，这个数组的名字是（　　）。

A. Column　　　　　B. Style　　　　　C. List　　　　　D. MultiSelect

(20)有人编写了如下的程序：

```
Private Sub Form_Click()
    Dim s As Integer,x As Integer
    s= 0
    x= 0
    Do While s= 10000
        x= x+ 1
        s= s+ x ^ 2
    Loop
    Print s
End Sub
```

上述程序的功能是：计算 $s=1+2^2+3^2+\cdots+n^2+\cdots$，直到 $s>10\ 000$ 为止。程序运行后，发现得不到正确的结果，必须进行修改。下列修改中正确的是（　　）。

A. 把 $x=0$ 改为 $x=1$

B. 把 Do While $s=10\ 000$ 改为 Do While $s\leqslant10\ 000$

C. 把 Do While $s=10\ 000$ 改为 Do While $s>10\ 000$

D. 交换 $x=x+1$ 和 $s=s+x^2$ 的位置

(21)设有如下程序：

```
Private Sub Form_Click()
    Dim s As Long,f As Long
    Dim n As Integer,i As Integer
    f= 1
    n= 4
    For i= 1 To n
        f= f * i
        s= s+ f
    Next i
    Print s
End Sub
```

程序运行后，单击窗体，输出的结果是（　　）。

A. 32 　　　　　B. 33 　　　　　C. 34 　　　　　D. 35

(22)阅读下面的程序段：

```
a= 0
For i= 1 To 3
    For j= 1 To i
        For k= j To 3
            a= a+ 1
        Next k
    Next j
Next i
```

执行上面的程序段后，a 的值为（　　）。

A. 3 　　　　　B. 9 　　　　　C. 14 　　　　　D. 21

(23)设有如下程序：

```
Private Sub Form_Click()
    Cls
    a$ = "123456"
    For i= 1 To 6
        Print Tab(12- i);_____
    Next i
End Sub
```

```
1
12
123
1234
12345
123456
```

程序运行后,单击窗体,要求结果如图所示,则在_____处应填入的内容为(   )。

A. Left(a$,i)   B. Mid(a$,8-i,i)

C. Right(a$,i)   D. Mid(a$,7,i)

(24)设有如下程序:

```
Private Sub Form_Click()
    Dim i As Integer,x As String,y As String
    x= "ABCDEFG"
    For i= 4 To 1 Step- 1
        y= Mid(x,i,i)+ y
    Next i
    Print y
End Sub
```

程序运行后,单击窗体,输出结果是(   )。

A. ABCCDEDEFG   B. AABBCDEFG

C. ABCDEFG   D. AABBCCDDEEFFGG

(25)设有如下程序:

```
Private Sub Form_Click()
    Dim ary(1 To 5)As Integer
    Dim i As Integer
    Dim sum As Integer
    For i= 1 To 5
        ary(i)= i+ 1
        sum= sum+ ary(i)
    Next i
    Print sum
End Sub
```

程序运行后,单击窗体,则在窗体上显示的是(   )。

A. 15   B. 16   C. 20   D. 25

(26)有一个数列,它的前三个数为 0、1、1,此后的每个数都是其前面三个数之和,即 0、1、1、1、2、4、7、13、24……

要求编写程序输出该数列中所有不超过 1 000 的数。

某人编写程序如下:

```
Private Sub Form_Click()
    Dim i As Integer,a As Integer,b As Integer
    Dim c As Integer,d As Integer
    a= 0:b= 1:c= 1
    d= a+ b+ c
    i= 5
    While d < = 1000
        Print d;
        a= b:b= c:c= d
        d= a+ b+ c
        i= i+ 1
    Wend
End Sub
```

运行上面的程序,发现输出的数列不完整,应进行修改。以下正确的修改是(   )。

A. 把 While d<=1 000 改为 While d > 1000

B. 把 i=5 改为 i=4

C. 把 i=i+1 移到 While d <=1000 的下面

D. 在 i=5 的上面增加一个语句:Print a; b; c;

(27)下面的语句用 Array 函数为数组变量 a 的各元素赋整数值:

    a=Array(1,2,3,4,5,6,7,8,9)

针对 a 的声明语句应该是(   )。

A. Dim a   B. Dim a As Integer

C. Dim a(9)As Integer   D. Dim a()As Integer

(28)下列描述中正确的是(   )。

A. Visual Basic 只能通过过程调用执行通用过程

B. 可以在 Sub 过程的代码中包含另一个 Sub 过程的代码

C. 可以像通用过程一样指定事件过程的名字

D. Sub 过程和 Function 过程都有返回值

(29)阅读程序:

```
Function fac(ByVal n As Integer)As Integer
    Dim temp As Integer
    temp= 1
    For i% = 1 To n
        temp= temp * i%
    Next i%
    fac= temp
End Function
Private Sub Form_Click()
    Dim nsum As Integer
    nsum= 1
```

```
    For i% = 2 To 4
        nsum= nsum+ fac(i% )
    Next i%
    Print nsum
End Sub
```

程序运行后,单击窗体,输出结果是( )。

A. 35   B. 31   C. 33   D. 37

(30)在窗体上绘制一个命令按钮和一个标签,其名称分别为 Command1 和 Label1,然后编写如下代码:

```
Sub S(x As Integer,y As Integer)
    Static z As Integer
    y= x * x+ z
    z= y
End Sub
Private Sub Command1_Click()
    Dim i As Integer,z As Integer
    m= 0
    z= 0
    For i= 1 To 3
        S i,z
        m= m+ z
    Next i
    Label1.Caption= Str(m)
End Sub
```

程序运行后,单击命令按钮,在标签中显示的内容是( )。

A. 50   B. 20   C. 14   D. 7

(31)以下说法正确的是( )。

A. MouseUp 事件是鼠标向上移动时触发的事件

B. MouseUp 事件过程中的 x、y 参数用于修改鼠标位置

C. 在 MouseUp 事件过程中可以判断用户是否使用了组合键

D. 在 MouseUp 事件过程中不能判断鼠标的位置

(32)假定已经在菜单编辑器中建立了窗体的弹出式菜单,其顶级菜单项的名称为 a1,其"可见"属性为 False。程序运行后,单击鼠标左键或右键都能弹出菜单的事件过程是( )。

A.

```
Private Sub Form_MouseDown(Button As Integer,Shift As Integer,X As Single,Y As Single)
    If Button= 1 And Button= 2 Then
        PopupMenu a1
    End If
End Sub
```

B.

```
Private Sub Form_MouseDown(Button As Integer,Shift As Integer,X As Single,Y As
Single)
    PopupMenu a1
End Sub
```

C.

```
Private Sub Form_MouseDown(Button As Integer,Shift As Integer,X As Single,Y As
Single)
    If Button= 1 Then
        PopupMenu a1
    End If
End Sub
```

D.

```
Private Sub Form_MouseDown(Button As Integer,Shift As Integer,X As Single,Y As
Single)
    If Button= 2 Then
        PopupMenu a1
    End If
End Sub
```

(33)在窗体上绘制一个名称为 CD1 的通用对话框,并有如下程序:

```
Private Sub Form_Load()
    CD1.DefaultExt= "doc"
    CD1.FileName= "c:\file1.txt"
    CD1.Filter= "应用程序(* .exe)|* .exe"
End Sub
```

程序运行时,如果显示了"打开"对话框,在"文件类型"下拉列表框中的默认文件类型是
(   )。

A. 应用程序(* . exe)   B. * . doc

C. * . txt   D. 不确定

(34)以下描述错误的是(   )。

A. 在多窗体应用程序中,可以有多个当前窗体

B. 多窗体应用程序的启动窗体可以在设计阶段设定

C. 多窗体应用程序中每个窗体作为一个磁盘文件保存

D. 多窗体应用程序可以编译生成一个 EXE 文件

(35)以下关于顺序文件的叙述,正确的是(   )。

A. 可以用不同的文件号以不同的读写方式同时打开同一个文件

B. 文件中各记录的写入顺序与读出顺序是一致的

C. 可以用 Input♯ 或 Line Input♯ 语句向文件写记录

D. 如果用 Append 方式打开文件,则既可以在文件末尾添加记录,也可以读取原有
   记录

二、填空题(每空 2 分,共 30 分)

(1)数据结构分为线性结构与非线性结构,带链的栈属于 __【1】__ 。

(2)在长度为 n 的顺序存储的线性表中插入一个元素,最坏情况下需要移动表中 __【2】__ 个元素。

(3)常见的软件开发方法有结构化方法和面向对象方法。对某应用系统经过需求分析建立数据流图(DFD),则应采用 __【3】__ 方法。

(4)数据库系统的核心是 __【4】__ 。

(5)当进行关系数据库的逻辑设计时,E-R 图中的属性常被转换为关系中的属性,联系通常被转换为 __【5】__ 。

(6)为了使标签能自动调整大小以显示标题(Caption 属性)的全部文本内容,应把该标签的 __【6】__ 属性设置为 True。

(7)在窗体上绘制一个命令按钮,其名称为 Command1,然后编写如下事件过程:

```
Private Sub Command1_Click()
    x= 1
    Result= 1
    While x < = 10
        Result=  【7】
        x= x+ 1
    Wend
    Print Result
End Sub
```

上述事件过程用来计算 10 的阶乘,请填空。

(8)在窗体上绘制一个命令按钮,其名称为 Command1,然后编写如下事件过程:

```
Private Sub Command1_Click()
    t= 0:m= 1:Sum= 0
    Do
        t= t+  【8】
        Sum= Sum+  【9】
        m= m+ 2
    Loop While  【10】
    Print Sum
End Sub
```

该程序的功能是,单击命令按钮,则计算并输出以下表达式的值:

$1+(1+3)+(1+3+5)+\cdots+(1+3+5+\cdots+39)$

请填空。

(9)在窗体上绘制一个命令按钮(其 Name 属性为 Command1),然后编写如下代码:

```
Private Sub Command1_Click()
    Dim M(10)As Integer
    For k= 1 To 10
        M(k)= 12- k
    Next k
    x= 6
    Print M(2+ M(x))
End Sub
```

程序运行后,单击命令按钮,输出结果是 __【11】__ 。

(10)在窗体上绘制一个命令按钮,其名称为 Command1,然后编写如下事件过程:

```
Private Sub Command1_Click()
    Dim n As Integer
    n= Val(InputBox("请输入一个整数:"))
    If n Mod 3= 0 And n Mod 2= 0 And n Mod 5= 0 Then
        Print n+ 10
    End If
End Sub
```

程序运行后,单击命令按钮,在输入对话框中输入 60,则输出结果是 ___【12】___ 。

(11)在窗体上绘制一个命令按钮,其名称为 Command1,然后编写如下事件过程:

```
Private Sub Command1_Click()
    Dim ct As String
    Dim nt As Integer
    Open"e:\stud.txt" 【13】
    Do While True
        ct= InputBox("请输入姓名:")
        If ct= 【14】 Then Exit Do
        nt= Val(InputBox("请输入总分:"))
        Write # 1, 【15】
    Loop
    Close # 1
End Sub
```

以上程序的功能是:程序运行后,单击命令按钮,则向 e 盘根目录下的文件 stud. txt 中添加记录(保留已有记录),添加的记录由键盘输入;如果输入"end",则结束输入。每条记录包含姓名(字符串型)和总分(整型)两个数据。请填空。

参考答案

一、选择题

1~5 DCBAC　　　6~10 DADBA　　　11~15 BCBDA　　　16~20 BDDCB
21~25 BCAAC　　　26~30 DAACB　　　31~35 CBAAB

二、填空题

【1】线性结构　　　【2】n　　　　　【3】结构化　　　　　【4】数据库管理系统
【5】关系　　　　　【6】AutoSize　【7】Result ＊ x　【8】m
【9】t　　　　　　【10】m＜40 或 m＜＝39　　　　　　【11】4
【12】70　　　　　【13】For Append As ＃1　【14】"end"　　　　　【15】ct,nt

参 考 文 献

[1] 龚沛曾,杨志强,陆慰民. Visual Basic 程序设计教程[M]. 3 版. 北京:高等教育出版社,2007.

[2] 段玉平. Visual Basic 程序设计[M]. 北京:高等教育出版社,1999.

[3] 王汉新. Visual Basic 程序设计[M]. 北京:科学出版社,2002.

[4] 宁正元. Visual Basic 程序设计教程[M]. 北京:清华大学出版社,2004.

[5] 沈祥玖. VB 程序设计[M]. 2 版. 北京:高等教育出版社,2007.

[6] 李淑华. Visual Basic 程序设计实训及考试指导[M]. 2 版. 北京:高等教育出版社,2009.

[7] 苏传芳. VIsual Basic 程序设计[M]. 北京:高等教育出版社,2007.